河北省社会科学基金项目

最严格水资源管理制度
河北实施论

丁 渠 著

中国检察出版社

图书在版编目（CIP）数据

最严格水资源管理制度河北实施论/丁渠著．—北京：中国
检察出版社，2013.11
ISBN 978 – 7 – 5102 – 1107 – 2

Ⅰ．①最…　Ⅱ．①丁…　Ⅲ．①水资源管理 – 研究 – 河北省
Ⅳ．①TV213.4

中国版本图书馆 CIP 数据核字（2013）第 302864 号

最严格水资源管理制度河北实施论

丁　渠　著

出版发行：中国检察出版社
社　　址：北京市石景山区香山南路 111 号 （100144）
网　　址：中国检察出版社（www.zgjccbs.com）
电　　话：(010)68650028(编辑)　68650015(发行)　68636518(门市)
经　　销：新华书店
印　　刷：保定市中画美凯印刷有限公司
开　　本：A5
印　　张：7.25 印张　　插页 4
字　　数：194 千字
版　　次：2013 年 11 月第一版　　2013 年 11 月第一次印刷
书　　号：ISBN 978 – 7 – 5102 – 1107 – 2
定　　价：20.00 元

总　　序

　　燕赵大地，人杰地灵。河北经贸大学就坐落在太行山脚下风景秀丽的滹沱河畔。它以经济、管理和法学学科为支柱，是省属综合性重点大学之一。生生不息的滹沱河水，孕育着一代代经贸学人，也孕育着法学院的法律学人和学子们。

　　正是这种无息的孕育，使法学院的学人们在这块田园里春夏秋冬不辞劳苦、辛勤耕作和无私奉献，也正是这种耕作与奉献，使得法学学科这棵幼苗得以快速成长，从 1993 年其前身经济法系成立到今天初具规模的法学院，经过 12 年的努力，已拥有民商法、经济法、国际法、刑法和法理学五个硕士点和法律硕士一个在职硕士点。年轻的法学院充满朝气与活力，集聚和培养了一群风华正茂、立志为学的年轻学者，他们分别毕业于不同的学校，汇集了全国各大重点院校的不同学术风格，吮吸着京畿大地丰厚的历史文化滋养。他们以无私无畏的精神白手起家，充分发挥着自身的后发优势，他们还利用环绕北京、贴近祖国心脏的地缘优势，关注和感受着法学前沿问题和法治社会的重大事件。他们与这个伟大的时代同呼吸、共命运。尽管他们所在的还算不上名门名校，但他们正在凭借自身的力量与智慧，努力争得一席之地。

　　法学院的发展关键在于学科建设，学科建设的基础关键在于学术成果的支撑，而学术成果的取得在于法律学人不断地发现问题、思考问题和解决问题，在于对学术价值的正确判断和刻苦追求。正是在这种理念下，法学院的学人们刻苦追求，努力奋斗，不断进取，在教学和科研上取得了可喜的成绩。为了展示和反映河北经贸大学法学院的科研实力和最新研究成果，发现和支持新人新作，鼓励和培养科研精神，加强学科建设，就要开拓一个固定的园地或搭建一个平台，给法学院学人们提供一个展示和创新的机会，这就是出版本论丛的目的所在。

河北经贸大学法学院与中国检察出版社共同组织出版这套《经贸法学论丛》。之所以命名为《经贸法学论丛》主要有两个方面考虑：其一，"经贸"是河北经贸大学之意，因为河北经贸大学是这套丛书的发起者；其二，"经贸"是经济贸易的简称，从选题范围来说，这套丛书主要包括民商法、经济法和国际经济法，同时也兼顾其他法律部门，不受部门法划分的局限。今后，我们计划每年陆续安排若干种课题的读物出版，使这套论丛更加完善和丰满。

在这套《经贸法学论丛》出版之际，我们衷心感谢中国检察出版社领导与编辑朋友们的信任与支持，是他们给我们创造了这个平台，提供了机会。我们也殷切期望这套丛书能得到社会各界的支持与关注，同时，真诚欢迎来自各方面的批评与指教，所有这些都将成为激励和鞭策我们继续前行的力量。

柴振国

2009 年 8 月

目 录

总 序 ……………………………………………………………（ 1 ）

第一章 最严格水资源管理制度概述 ………………………（ 1 ）

一、最严格水资源管理制度的基本内涵 ………………（ 1 ）

（一）最严格水资源管理制度的概念 …………………（ 1 ）

（二）最严格水资源管理制度的主要内容 ……（ 1 ）

（三）最严格水资源管理制度的特点 …………（ 5 ）

（四）最严格水资源管理制度的实施意义 ……（ 6 ）

二、最严格水资源管理制度的实践依据 ………………（ 7 ）

（一）水资源短缺严重 …………………………（ 8 ）

（二）水资源利用方式粗放 ……………………（ 9 ）

（三）水资源过度开发严重 …………………（ 10 ）

（四）水体污染严重 …………………………（ 11 ）

三、最严格水资源管理制度的理论基础 ………………（ 17 ）

（一）可持续发展理念 ………………………（ 17 ）

（二）水资源可持续利用理念 ………………（ 20 ）

（三）人水和谐理念 …………………………（ 27 ）

第二章 最严格水资源管理制度的实施重点 …………（ 30 ）

一、水资源开发利用控制红线管理 ……………（ 30 ）

（一）水资源论证制度 ………………………（ 30 ）

（二）取水许可制度 …………………………（ 39 ）

（三）水资源有偿使用制度 ……………………（47）

（四）地下水保护制度 …………………………（60）

二、用水效率控制红线管理 …………………………（72）

（一）节水型社会概述 …………………………（72）

（二）节水型社会制度体系 ……………………（74）

（三）节水型社会建设存在的问题 ……………（81）

（四）节水型社会建设的对策 …………………（85）

三、水功能区限制纳污红线管理 ……………………（91）

（一）水功能区监督管理制度 …………………（91）

（二）饮用水水源保护制度 ……………………（99）

第三章 最严格水资源管理制度的实施保障 ………（108）

一、立法保障 …………………………………………（108）

（一）水法规体系的完善 ………………………（108）

（二）修订《水法》 ……………………………（109）

（三）制定《长江法》 …………………………（113）

（四）制定《黄河法》 …………………………（118）

二、司法保障 …………………………………………（123）

（一）加强水资源刑事法律保护 ………………（123）

（二）水资源公益诉讼制度 ……………………（127）

三、公众参与保障 ……………………………………（132）

（一）公众参与水资源管理的价值 ……………（132）

（二）公众参与水资源管理的条件 ……………（137）

（三）公众参与水资源管理的途径 ……………（138）

（四）公众参与水资源管理存在的缺陷 ………（139）

（五）公众参与水资源管理的完善途径 ………（140）

四、管理体制保障 ……………………………………（142）

（一）现有水资源管理体制的缺陷 ………………（142）

（二）水务一体化改革的概况 ……………………（146）

（三）水务一体化改革的意义 ……………………（148）

（四）完善水资源管理体制的对策 ………………（150）

五、水市场机制保障 …………………………………（151）

（一）我国水市场的发展历程 ……………………（151）

（二）水市场的特点 ………………………………（153）

（三）水市场的功能 ………………………………（155）

（四）建立水市场面临的制度困境 ………………（157）

（五）建立水市场的路径 …………………………（159）

第四章　河北省实施最严格水资源管理制度的对策 ……（164）

一、实施条件 …………………………………………（164）

（一）水资源管理体制改革逐步深化 ……………（164）

（二）节水型社会试点建设成效显著 ……………（164）

（三）水资源保护工作全面推进 …………………（165）

（四）水资源管理水平明显提高 …………………（165）

（五）用水总量控制与定额管理机制初步形成

　　　………………………………………………（166）

（六）水资源优化配置工程加快推进 ……………（167）

（七）水资源法规体系初步建立 …………………（167）

二、主要问题 …………………………………………（168）

（一）红线控制指标分解的技术问题 ……………（168）

（二）制度衔接和完善问题 ………………………（169）

（三）红线控制手段问题 …………………………（170）

（四）协作机制问题 ………………………………（171）

（五）资源性缺水与工程性缺水并存 ……… （172）

（六）水生态环境没有得到根本性改善 … （172）

（七）用水效率有待进一步提高 ………… （172）

（八）水资源监控手段薄弱 ……………… （173）

（九）水资源管理责任制落实难度大 …… （173）

（十）产业结构不合理 …………………… （174）

三、立法对策 ……………………………… （176）

（一）制定《河北省节约用水条例》 ……… （176）

（二）制定《河北省农业水资源费征收使用
　　　管理办法》 ………………………… （178）

（三）制定《河北省南水北调工程管理
　　　条例》 ……………………………… （179）

四、执法对策 ……………………………… （185）

（一）全面推行水利综合执法 …………… （185）

（二）大力实施行政执法责任制 ………… （195）

五、司法对策 ……………………………… （204）

（一）危害水资源、水环境的渎职犯罪的
　　　特点 ………………………………… （205）

（二）惩治与预防危害水资源、水环境渎职
　　　犯罪的对策 ………………………… （207）

六、管理对策 ……………………………… （208）

（一）河北省实行最严格水资源管理制度的
　　　具体设想 …………………………… （208）

（二）水资源管理规范化建设 …………… （211）

（三）加强水资源综合管理 ……………… （214）

（四）借鉴水资源软路径理念 …………… （217）

后　记 ……………………………………… （223）

第一章　最严格水资源管理制度概述

一、最严格水资源管理制度的基本内涵

（一）最严格水资源管理制度的概念

最严格水资源管理制度是指根据区域水资源潜力，按照水资源利用的底线，制定水资源开发、利用、排放标准，并用最严格的行政行为进行管理的制度。最严格水资源管理制度的核心是由开发、利用、保护、监管四项制度来构成，其贯穿了整个水资源工作领域的评价、论证、取水工程管理、计划用水、保护治理、规划、配置、监测、绩效考核等若干小制度。

最严格水资源管理制度是以水循环规律为基础的科学管理制度，是在遵守水循环规律的基础上面向水循环全过程、全要素的管理制度，是对水资源的依法管理、可持续管理，其最终目标是实现有限水资源的可持续利用。①

（二）最严格水资源管理制度的主要内容

最严格水资源管理制度的主要内容就是确定"三条红线"，实施"四项制度"。

1. "三条红线"

"三条红线"：一是确立水资源开发利用控制红线，到 2030年全国用水总量控制在 7000 亿立方米以内。二是确立用水效率控制红线，到 2030 年用水效率达到或接近世界先进水平，万元工业增加值用水量降低到 40 立方米以下，农田灌溉水有效利用

---

① 左其亭、李可任：《最严格水资源管理制度理论体系探讨》，载《南水北调与水利科技》2013 年第 1 期。

系数提高到 0.6 以上。三是确立水功能区限制纳污红线，到 2030 年主要污染物入河湖总量控制在水功能区纳污能力范围之内，水功能区水质达标率提高到 95% 以上。为实现上述红线目标，进一步明确了 2015 年和 2020 年水资源管理的阶段性目标。

最严格水资源管理制度控制指标的确定，既考虑了我国国情和水情，也参照了水资源可持续利用的国际先进水平。控制指标的确定方法如下：

（1）水资源开发利用红线的控制指标确定方法。确定水资源开发利用红线的控制指标值时，主要依据水资源管理理念、水资源调度理论、水循环理论、水资源大系统原理及分析方法、水资源经济手段和市场机制以及当地实际水资源与经济社会发展情况。

各个指标的具体确定方法如下：水资源可利用量和地下水开采量可参考已有的相关公式求得，取水许可总量则取决于批准的水量分配方案或者签订的协议；用水总量控制指标与上述三个指标都有密切关系，其确定方法是在参考区域或流域水资源利用综合规划、水量分配方案和取水许可等基础上，依据区域或流域地表水、地下水可利用量及重复水量的计算结果，考虑不同频率来水条件、地表水、地下水的特性，确定相应的地表水和地下水控制系数，将其相乘求和，并减去重复计算水量，便得到用水总量控制指标值。

（2）用水效率红线的控制指标确定方法。确定水资源用水效率红线的考核指标值时，主要依据水价制度、当地水资源情况、经济社会发展规模与趋势、节水规划、与国内外先进节水区域的差异等。

用水效率红线指标又可分为定额类指标、效率类指标。定额类指标有万元 GDP 用水量、人均综合生活用水量、亩均灌溉用水量、城镇居民人均生活用水量等。效率类指标有农业节水灌溉率、灌溉水有效利用系数、工业用水重复利用率和城市污水回用率等。

定额类指标值的确定。利用相关水资源综合规划中水资源情况、开发利用现状、水资源可利用量、需水预测成果等分析计算区域规划水平年整体和各行业缺水量和缺水率。在此基础上，不断提高用水效率，来实现未来的水资源供需平衡，并据此确定区域规划水平年用水定额控制指标值。

效率类指标值的确定。根据区域相关规划纲要、节水规划报告，确定近期效率指标值，同时参考《节约用水规划》、《节水型社会建设规划》等一系列节水规划，分析历年效率指标值的变化趋势、各行业发展状况，确定未来规划水平年效率控制指标值。

在确定完上述指标的基础上，对比全国或其他区域用水效率控制红线指标，校核已确定的用水效率控制指标值。

（3）限制纳污红线的控制指标确定方法。确定限制纳污红线的控制指标值时，主要依据水资源保护等方面的法律法规、水资源的经济手段和市场机制、水环境学理论、水功能区性质、水资源规划及经济社会发展需求等。

水功能区限制纳污红线指标可分为数量类指标、比率类指标。数量类指标有主要污染物入河总量；比率性指标有水功能区达标率、工业废水达标排放率等。比率类指标的确定方法与上述效率类指标的确定方法类似。数量类指标的确定方法如下：首先，计算水功能区相应污染物的纳污能力。按照水功能区划成果，确定区域纳入考核的水功能区名单，构建纳污能力计算模型，确定模型参数，并综合分析排污口的状况，计算各水功能区的纳污能力大小。

然后依据如下原则确定区域污染物入河总量控制值：

严格执行《水法》、《水污染防治法》、《水文条例》等相关法律法规，实现水资源保护的总体目标，水质状况好于现状年水质情况。

污染物入河总量控制值确定的主要依据是各水功能区的纳污能力和现状污染物入河量，对于污染物入河量已经超过纳污能力的河段，应严格按照纳污能力限制主要污染物的入河量。而未超过纳污能力的河段，需按照国家"一控双达标"等环保规定控制。

充分考虑各水功能区的性质。对于保护区，属国家和省级自然保护区内的水域、特大型调水工程、水源地和输水干线的水域，禁止排污，污染物入河总量控制值为零。对于保留区，若现状年水质达标，则污染物入河总量控制值取现状污染物入河量，否则取纳污能力。对于缓冲区，该区水质不得有恶化现象，污染物入河总量控制值取纳污能力与现状年污染物入河量中的较小者。对于开发利用区，其中饮用水源区应维持并逐步改善水质，已经作为供水水源地的禁止排污，污染物入河总量控制值为零；对现状年还未供水的污染物入河总量控制值取纳污能力与现状年污染物入河量中的较小者。对于其他二级功能区，污染物入河总量控制值取纳污能力。

确定完上述指标值后，充分考虑新建和在建水源地入河控制量，确定最终的污染物入河控制量指标值。[①]

2. "四项制度"

"四项制度"：一是用水总量控制制度。加强水资源开发利用控制红线管理，严格实行用水总量控制，包括严格规划管理和水资源论证，严格控制流域和区域取用水总量，严格实施取水许可，严格水资源有偿使用，严格地下水管理和保护，强化水资源统一调度。二是用水效率控制制度。加强用水效率控制红线管理，全面推进节水型社会建设，包括全面加强节约用水管理，把节约用水贯穿于经济社会发展和群众生活生产全过程，强化用水定额管理，加快推进节水技术改造。三是水功能区限制纳污制度。加强水功能区限制纳污红线管理，严格控制入河湖排污总量，包括严格水功能区监督管理，加强饮用水水源地保护，推进

---

① 陶洁、左其亭、薛会露、窦明、梁士奎、毛翠翠：《最严格水资源管理制度"三条红线"控制指标及确定方法》，载《节水灌溉》2012年第4期。

水生态系统保护与修复。四是水资源管理责任和考核制度。将水资源开发利用、节约和保护的主要指标纳入地方经济社会发展综合评价体系，县级以上人民政府主要负责人对本行政区域水资源管理和保护工作负总责。

（三）最严格水资源管理制度的特点

所谓最严格的水资源管理目标，实际体现在"三条红线"上。"红"就意味着是最严格，"线"是一个管控的目标，最严格的水资源管理制度的核心实际上是最严格的水资源管控目标。"三条红线"是水资源开发利用的一个底线，一旦突破这样的底线，经济社会发展就要受损，生态环境就要受到严重影响。具体来讲，最严格水资源管理制度的特点主要体现在四个方面：

一是管理目标更加严格。最严格的水资源管理制度，尤其是用水总量控制的目标是到 2030 年不超过 7000 亿立方米。这实际上是在这一段时间之内可利用的一个最大量。为了实现这个"红线"目标，还提出了 2015 年和 2020 年阶段性的控制目标。

二是制度体系更加严格。在最严格的水资源管理制度框架下，要完善和细化用水总量的控制制度、取水许可和水资源有偿使用制度、水资源论证制度、计划用水制度、水功能区管理制度等各项制度的具体内容和要求，使得每一项水资源的开发利用、节约保护的行为都有章可循。

三是管理措施更加严格。这体现在四个方面：第一，对取用水总量已经达到或者超过控制指标的地区，要暂停审批建设项目的新增取水；第二，对于取水总量接近控制指标的地区，就要限制审批新增取水；第三，制定节水的强制性标准，禁止出售不符合节水强制性标准的产品；第四，现有排污量如果超出水功能区限制纳污总量的地区，要限制审批新增的取水，限制审批入河排污口。

四是考核问责更加严格。这一制度明确要求将水资源开发利用和节约保护的主要指标纳入地方经济社会发展综合评价体系，县级以上人民政府的主要负责人要对本行政区域水资源管理和保护负总责，并制定和实施严格的考核和问责制度。

（四）最严格水资源管理制度的实施意义

1. 破除水资源"瓶颈"制约的根本途径

我国是世界上最大的发展中国家，也是水资源短缺的国家，发展需求与水资源条件之间的矛盾十分突出。当前我国正处于城镇化、工业化、农业现代化加快发展阶段，人口仍呈增长趋势，粮食主产区、城市和重要经济区、能源基地等用水增长较快，工程性、资源性、水质性缺水长期并存，加之受全球气候变化影响，水资源问题更加突出。解决水资源短缺矛盾，节水是根本性出路。只有实行最严格水资源管理制度，进一步加大水资源节约保护力度，加快推进节水防污型社会建设，才能破解水资源的"瓶颈"制约，以水资源的可持续利用保障经济社会的可持续发展。

2. 加快转变经济发展方式的战略举措

经济发展方式在相当程度上决定了资源利用方式，资源利用方式反过来也深刻影响经济发展方式。长期以来，我国用水方式粗放、用水浪费、排放超标、开发过度在一些区域和行业相当突出，传统经济发展方式付出的水资源和水环境代价过高，单位GDP用水量和万元工业增加值用水量高于发达国家水平和世界平均水平，部分流域水资源开发利用已接近或超过水资源承载能力。转变经济发展方式，必须转变用水方式。只有实行最严格水资源管理制度，充分发挥水资源的约束性、控制性和先导性作用，利用水资源节约保护的"倒逼机制"推进经济结构调整和发展方式转变，才能更好地推动整个社会形成有利于可持续发展的经济结构、生产方式、消费模式，促进经济社会发展与水资源和水环境承载能力相协调、相适应。

3. 保障国家粮食安全的关键环节

民以食为天，食以水为先。我国粮食产量实现历史罕见的"八连增"，农田水利是重要基础，水资源保障是关键。但要看到，连续多年增产增收之后，我国农业发展的资源环境约束不断增强，保障粮食安全的水利基础亟待巩固。我国人均耕地面积和耕地亩均水资源量只有世界平均水平的 40% 和 50%，人增、地减、水缺的矛盾十分突出，全国每年农业缺水约 300 亿立方米，近 1 亿亩灌溉面积因缺水不能得到有效灌溉，加之一些地方农业用水粗放，用水短缺和用水浪费现象并存，农业受制于水的状况将长期存在。保障国家粮食安全，关键在水，最根本的出路在于节水。必须在大力加强农田水利基础设施建设的基础上，实行最严格水资源管理制度，加快转变农业用水方式，建设节水高效现代农业。

4. 加快推进生态文明建设的迫切需要

水资源是生态环境的控制性要素，水利是生态环境改善不可分割的保障系统。长期以来，由于一些地方片面追求经济增长，对水资源和水环境缺乏有效保护，导致水生态环境持续恶化。一些地区大量未经处理的污水直接排入水体，导致全国水功能区水质达标率仅为 46%。一些地区河湖生态环境用水被大量挤占，造成河道断流、湖泊萎缩、生态退化。一些地区地下水超采严重，引发地面沉降、海水入侵等严重问题。这种状况如果不尽快加以改变，水资源难以承载，水环境难以承受，人与自然难以和谐，子孙后代可持续发展将受到严重影响。必须实行最严格水资源管理制度，从源头上扭转水生态环境恶化趋势，加快建设资源节约型、环境友好型社会，推动全社会走上生产发展、生活富裕、生态良好的文明发展道路。

二、最严格水资源管理制度的实践依据

最严格水资源管理制度出台的基本实践依据就是我国现阶段的基本水情。水是生命之源、生产之要、生态之基。新中国成立以来特别是改革开放以来，水资源开发、利用、配置、节约、保护和管理工作取得积极进展，为经济社会发展、人民安居乐业做出了重要贡献。但必须清醒地看到，人多水少、水资源时空分布不均是我国的基本国情和水情，水资源短缺、水污染严重、水生

态恶化等问题十分突出，已成为制约经济社会可持续发展的主要"瓶颈"。以下主要依据《2011 年中国水资源公报》来阐述我国面临的水问题。

（一）水资源短缺严重

我国水资源的人均占有量和地均占有量都明显少于世界平均水平。我国人均水资源量只有 2100 m^3，仅为世界人均水平的 28%。地均水资源量约 21538 m^3/hm^2，相当于世界地均水资源占有量的 3/5。水资源供需矛盾突出，全国年平均缺水量 500 多亿 m^3，2/3 的城市缺水，农村有近 3 亿人口饮水不安全。

水资源时间分布不均，年内较集中，年际变化大。年内降水季节过分集中，主要发生在夏季，大部分地区每年汛期连续 4 个月的降水量占全年的 60% ~ 80%，不但容易形成春旱夏涝，而且水资源量中有 2/3 左右是洪水径流量，形成江河的汛期洪水和非汛期的枯水。年际降水变化剧烈，易造成江河的特大洪水和严重枯水。南方地区最大年降水量一般是最小年降水量的 2~4 倍，北方地区为 3~8 倍。连续的大水年将发生洪涝灾害，使人民的生命和财产受到损失；相反地，连续枯水年又会出现连年大旱，造成农业减产减收，用水安全受到威胁，经济发展受到制约，导致地下水连年超采，生态环境不断恶化。

水资源空间分布不均。就年降水量而言，在东南沿海地区为最高，逐渐向西北内陆地区递减。南、北方人均水资源量最高与最低相差近十倍。北方人均水资源仅 747 m^3，属严重缺水地区；由于水污染和水土流失加剧，缺水状况更为严峻，已制约了北方地区的经济发展和城镇化进程。南方人均水资源量 3481 m^3，属于丰水区，但由于城市废污水处理率低，水污染严重，使局部地区发生了水质型缺水。

北方平原地下水开采区浅层地下水储量连续下降。2011 年，北方 17 个省级行政区对 74 万 km^2 平原地下水开采区进行了统计分析，年末浅层地下水储存量比年初减少 23.0 亿 m^3。其中，上升区（水位上升 0.5m 以上）面积占 13.4%，地下水储存量增加

63.0 亿 m³；下降区（水位下降 0.5m 以上）面积占 18.6%，地下水储存量减少 69.4 亿 m³；相对稳定区（水位变幅在正负 0.5m 以内）面积占 68.0%，地下水储存量减少 16.6 亿 m³。按水资源一级区统计，6 个水资源一级区中，淮河区和黄河区地下水储存量分别增加 18.6 亿 m³ 和 6.1 亿 m³，松花江区、辽河区、海河区和西北诸河区分别减少 16.6 亿 m³、11.3 亿 m³、10.5 亿 m³ 和 9.3 亿 m³。按省级行政区统计，地下水储存量增加的有 6 个省级行政区，其中江苏和山东分别增加 14.8 亿 m³ 和 9.9 亿 m³；储存量减少的有 11 个省级行政区，其中黑龙江减少最多，为 14.2 亿 m³，河南、甘肃、辽宁、内蒙古和河北的减少量在 5 亿～9 亿 m³ 之间。1997～2011 年北方平原地下水开采区浅层地下水，除 1998 年和 2003 年储存量有明显增加外，其他年份均持续减少或基本持平。总体上看，北方平原地下水开采区浅层地下水储量累积变化从 2003 年以来呈现连续下降趋势。与 1980 年比较，河北、北京、吉林、陕西和山东的平原区浅层地下水储存变量累积分别减少 721 亿 m³、91 亿 m³、38 亿 m³、33 亿 m³ 和 29 亿 m³。

水资源总量的约束日趋突出。根据 1997 年以来《中国水资源公报》统计，全国总用水量总体呈缓慢上升趋势，其中生活和工业用水呈持续增加态势，而农业用水则受气候和实际灌溉面积的影响呈上下波动、总体为缓降趋势。生活和工业用水占总用水量的比例逐渐增加，农业用水占总用水量的比例则有所减少。

（二）水资源利用方式粗放

目前，我国的万元工业增加值用水量是发达国家的 3～4 倍，农田灌溉水有效利用系数与世界先进水平有较大差距。

2011 年，全国人均用水量为 454m³，万元国内生产总值（当年价）用水量为 129m³。农田实际灌溉亩均用水量为 415m³，农田灌溉水有效利用系数为 0.510，万元工业增加值（当年价）用水量为 78m³，城镇人均生活用水量（含公共用水）为 198L/d，农村居民人均生活用水量为 82L/d。与 2010 年相比，全国人均用水量、农田实际灌溉亩均用水量、城镇及农村人均生活用水量变化不大；按可比价计算，2011 年万元国内生产总值用水量和万元工业增加值用水量分别比 2010 年减少了 7% 和 9%。按东、中、西部地区统计分析，人均用水量分别为 402m³、465m³、531m³，即东、中部小，西部大；万元国内生产总值用水量差别较大，分别为 76m³、154m³、191m³，西部比东部高近 1.5 倍；农田实际灌溉亩均用水量分别为 383m³、365m³、522m³，依然是西部大；万元工业增加值用水量分别为 50m³、87m³、69m³，呈东部小、中、西部大的分布态势；农田灌溉水有效利用系数呈东部大、中、西部小的分布态势。从水资源分区看，南方 4 区各项用水指标均高于北方 6 区，其中万元工业增加值用水量高出 1.7 倍，农田实际灌溉亩均用水量高出近 45%。各水资源一级区中，人均用水量最高的是西北诸河区，最低的是海河区；万元国内生产总值用水量最高的是西北诸河区，较低的是海河区、淮河区、辽河区和东南诸河区；农田实际灌溉面积亩均用水量最高的是珠江区，较低的是海河区和淮河区；万元工业增加值用水量较高的是西南诸河区和长江区，较低的是海河区、黄河区、辽河区和淮河区。因受人口密度、经济结构、作物组成、节水水平、气候因素和水资源条件等多种因素的影响，各省级行政区的用水指标值差别很大。从人均用水量看，大于 600m³ 的有新疆、宁夏、西藏、黑龙江、内蒙古、江苏、广西 7 个省份，其中新疆、宁夏、西藏分别达 2383m³、1157m³、1025m³；小于 300m³ 的有天津、北京、山西和山东等 10 个省份，其中天津最低，仅 174m³。从万元国内生产总值用水量看，新疆最高，为 792m³；小于 100m³ 的有北京、天津、山东和浙江等 12 个省份，其中天津、北京分别为 20m³ 和 22m³。

（三）水资源过度开发严重

不少地方水资源过度开发，像黄河流域开发利用程度已经达到 76%，淮河流域也达到了 53%，海河流域更是超过了 100%，已接近或超过其承载能力，引发一系列生态环境问题。

2011 年，20 个省级行政区对地下水位降落漏斗进行了不完全调查，共统计漏斗 70 个，年末总面积 6.5 万 km^2。在 36 个浅层（潜水）漏斗中，年末漏斗面积大于 $500km^2$ 的有 12 个，以河南安阳—鹤壁—濮阳漏斗、山东的淄博—潍坊和莘县—夏津漏斗面积较大，分别达 $6660km^2$、$5422km^2$ 和 $3696km^2$；年末漏斗中心水位埋深大于 20m 的有 24 个，以甘肃山丹县城关镇漏斗最深，为 132m。在 34 个深层（承压水）漏斗中，年末漏斗面积大于 $500km^2$ 的有 15 个，以天津的第Ⅲ含水组漏斗、第Ⅱ含水组漏斗和江苏南通第Ⅲ含水组漏斗面积较大，分别为 $7145km^2$、$4983km^2$ 和 $3580km^2$；年末漏斗中心水头埋深大于 50m 的有 11 个，以西安市城区严重超采区漏斗、山西太原漏斗、山西运城漏斗和天津第Ⅲ含水组漏斗较深，超过了 100m。2011 年，年末与年初相比，浅层漏斗面积扩大的有 11 个，中心水位下降的有 10 个；深层漏斗面积扩大的有 11 个，中心水头下降的有 18 个。2003 年以来，平原区地下水位降落漏斗总体状况有所好转。深层漏斗中，江苏苏锡常漏斗面积减小 $2612km^2$；河北的冀枣衡深层漏斗已经演变为东滏阳区漏斗和南宫琉璃庙区漏斗，漏斗面积在 2003~2006 年期间有所增加，但在 2006 年以后面积逐年减少。浅层漏斗中，山东单县、莘县—夏津漏斗面积分别减小 $6360km^2$、$2612km^2$。

（四）水体污染严重

经调查统计分析，2011 年全国废污水排放总量 807 亿吨，其中大于 30 亿吨的有江苏、浙江、安徽、福建、河南、湖北、湖南、广东、广西和四川 10 个省份，小于 10 亿吨的有天津、山西、内蒙古、海南、西藏、甘肃、青海、宁夏和新疆 9 个省市。

1. 河流水质

2011 年，根据全国水资源质量监测站网的监测资料，采用《中国地表水环境质量标准》（GB 3838—2002），对全国 18.9 万 km 的河流水质状况进行了评价。全国全年Ⅰ类水河长占评价河长的 4.6%，Ⅱ类水河长占 35.6%，Ⅲ类水河长占 24.0%，Ⅳ类水河长占 12.9%，Ⅴ类水河长占 5.7%，劣Ⅴ类水河长占

17.2%。全国全年Ⅰ～Ⅲ类水河长比例为64.2%，比2010年提高了2.8个百分点。主要污染项目是高锰酸盐指数、化学需氧量、氨氮、五日生化需氧量。全国10个水资源一级区Ⅰ～Ⅲ类水河长比例由高至低排序，依次为：西北诸河区96.0%、西南诸河区95.6%、珠江区73.6%、东南诸河区72.9%、长江区70.4%、松花江区57.5%、黄河区49.4%、辽河区48.8%、淮河区38.0%、海河区36.2%。与2010年相比，西南诸河区、辽河区、黄河区、松花江区、长江区、珠江区Ⅰ～Ⅲ类水河长比例有不同程度上升，东南诸河区略有下降，其他水资源一级区Ⅰ～Ⅲ类水河长比例变化不大。

按省级行政区统计（不含长江干流、黄河干流），Ⅰ～Ⅲ类水河长占评价河长80%以上的省份有8个，介于60%～80%之间的有9个，40%～60%之间的有7个，20%～40%之间的有5个，低于20%的有2个。从东、中、西部地区分布看，我国西部地区河流水质好于中部，中部地区好于东部，东部地区水质相对较差。

2. 湖泊水质

2011年，对全国103个主要湖泊的2.7万 km^2 水面进行了水质评价。全年水质为Ⅰ类的水面占评价水面面积的0.5%、Ⅱ类占32.9%、Ⅲ类占25.4%、Ⅳ类占12.0%、Ⅴ类占4.5%、劣Ⅴ类占24.7%。对上述湖泊进行的营养化状况评价结果显示：中营养湖泊有32个，富营养湖泊有71个。在富营养化湖泊中，处于轻度富营养状态的湖泊有42个，占富营养湖泊总数的59.2%；中度富营养湖泊29个，占富营养湖泊总数的40.8%。河北的白洋淀，江苏的滆湖、洮湖，安徽的天井湖、巢湖，江西的西湖，湖北的南湖、南太子湖、墨水湖，云南的滇池、杞麓湖、异龙湖富营养化程度较重。主要污染项目是总磷、总氮、高锰酸盐指数、五日生化需氧量。

（1）太湖：若总磷、总氮不参加评价，五里湖、贡湖和东部沿岸区水质为Ⅱ类，占评价水面面积的18.7%；梅梁湖、东太湖、湖心区、西部沿岸区和南部沿岸区为Ⅲ类，占评价水面面积的 78.4%；竺山湖为Ⅳ类，占评价水面面积的 2.9%；全湖总体水质为Ⅲ类，与 2010 年相比，Ⅱ～Ⅲ类水面面积有所增加。若总磷、总氮参加评价，东太湖、东部沿岸区和五里湖水质为Ⅳ类，占评价水面面积的 19.1%；贡湖和南部沿岸区为Ⅴ类，占评价水面面积的 22.5%；其余湖区均劣于Ⅴ类，占评价水面面积的 58.4%；全湖总体水质为劣Ⅴ类，与 2010 年相比，劣Ⅴ类水面面积有所减少。各湖区的营养状况是：五里湖、贡湖、东太湖和东部沿岸区处于轻度富营养状态，占湖区面积的 26.1%；其他湖区处于中度富营养状态，占 73.9%。

（2）滇池：耗氧有机物及总磷、总氮污染均十分严重。无论总磷、总氮是否参加评价，水质均为劣Ⅴ类。营养状态与 2010 年相同，处于中度富营养状态。

（3）巢湖：西半湖污染程度重于东半湖。若总磷、总氮不参加评价，东半湖评价水面水质为Ⅲ类、西半湖为Ⅳ类，总体水质为Ⅳ类。若总磷、总氮参加评价，东半湖评价水面水质为Ⅴ类、西半湖为劣Ⅴ类，总体水质为劣Ⅴ类。湖区整体处于中度富营养状态。

城市内湖水质状况。属城市内湖的北京昆明湖水质为Ⅱ类，处于中营养状态；杭州西湖水质为Ⅲ类，处于轻度富营养状态；济南大明湖水质为Ⅳ类，处于中度富营养状态。

省界湖泊水质状况。省界湖泊中，山东—江苏交界处的南四湖下级湖总体水质为Ⅲ类，上级湖总体水质为Ⅳ类。江苏—安徽交界处的石臼湖总体水质为Ⅳ类。安徽—湖北交界处的龙感湖总体水质为Ⅲ类。四川—云南交界处的泸沽湖总体水质为Ⅰ类。南四湖、石臼湖、龙感湖 3 个湖泊处于轻度富营养状态，泸沽湖处于中营养状态。

其他评价面积在 $100km^2$ 以上的湖泊水质状况。河北的白洋淀Ⅴ类水面占 41.6%、劣Ⅴ类水面占 58.4%，总体水质为劣Ⅴ类，处于中度富营养状态。吉林的查干湖总体水质为Ⅴ类，处于轻度富营养状态。江苏的洪泽湖、骆马湖、高邮湖、邵伯湖、宝应湖总体水质为Ⅲ类，滆湖总体水质为Ⅴ类；其中洪泽湖、滆湖处于中度富营养状态，其他湖泊处于轻度富营养状态。安徽的大官湖黄湖、升金湖、菜子湖总体水质为Ⅱ类，南漪湖、城西湖、城东湖总体水质为Ⅲ类，女山湖、瓦埠湖总体水质为Ⅳ类；其中升金湖、菜子湖、南漪湖处于中营养状态，其他湖泊处于轻度富营养状态。江西的鄱阳湖Ⅲ类水面占9.0%、Ⅳ类水面占44.5%、Ⅴ类水面占25.9%、劣Ⅴ类水面占20.6%，总体水质为Ⅴ类，处于中营养状态。湖北的梁子湖总体水质为Ⅲ类，长湖、洪湖总体水质为Ⅳ类；其中长湖处于中营养状态，梁子湖、洪湖处于轻度富营养状态。湖南的洞庭湖总体水质为劣Ⅴ类，处于轻度富营养状态。云南的抚仙湖总体水质为Ⅱ类，洱海总体水质为Ⅲ类，均处于中营养状态。西藏的羊卓雍错、普莫雍错总体水质为Ⅱ类，纳木错为劣Ⅴ类（氟化物超标），均处于中营养状态。青海的青海湖、可鲁克湖总体水质均为Ⅱ类，处于中营养状态。新疆的赛里木湖总体水质为Ⅱ类，博斯腾湖总体水质为Ⅲ类，乌伦古湖总体水质为劣Ⅴ类，均处于中营养状态。

3. 水库水质

2011年，对全国471座主要水库进行了水质评价。其中，全年水质为Ⅰ类的水库21座，占评价水库总数的4.5%；Ⅱ类水库203座，占43.1%；Ⅲ类水库158座，占33.5%；Ⅳ类水库52座，占11.0%；Ⅴ类水库16座，占3.4%；劣Ⅴ类水库21座，占4.5%。在进行营养状况评价的455座水库中，中营养水库324座，富营养水库131座。在富营养水库中，处于轻度富营养状态的水库110座，占富营养水库总数的84.0%；中度富营养水库20座，占富营养水库总数的15.3%；重度富营养水库1座，占富营养水库总数的0.7%。主要污染项目是总磷、总氮、高锰酸盐指数、化学需氧量、五日生化需氧量。

4. 水功能区水质达标状况

2011年，全国评价水功能区4128个。按水功能区水质目标评价，全年水功能区水质达标率为46.4%，其中一级水功能区1496个（不包括开发利用区），水质达标率55.7%，二级水功能区2632个，水质达标率41.2%。在一级水功能区中，评价保护区470个，达标率60.6%；保留区647个，达标率61.8%；缓冲区379个，达标率39.1%。在二级水功能区中，评价饮用水源区910个，达标率50.1%；评价工业用水区、农业用水区和渔业用水区分别为439个、709个、95个，达标率分别是50.6%、30.2%、47.4%；评价景观娱乐用水区、过渡区分别为291个、188个，达标率分别是31.3%、29.8%。从水体类型看，河流型水功能区评价河长16.0万km，达标率52.6%，其中河流型一级水功能区评价河长8.8万km，达标率63.8%；二级水功能区评价河长7.2万km，达标率38.8%。湖泊型水功能区评价湖泊水面面积2.7万km^2，达标率为66.6%，其中湖泊型一级水功能区评价湖泊水面面积2.1万km^2，达标率67.1%；二级水功能区评价湖泊水面面积0.6万km^2，达标率65.2%。水库型水功能区评价水库蓄水量1334.6亿m^3，达标率50.8%，其中水库型一级水功能区评价水库蓄水量1141.2亿m^3，达标率49.8%；二级水功能区评价水库蓄水量193.4亿m^3，达标率56.3%。

省界水体水质。2011年，监测评价省界断面452个。全年水质为Ⅰ～Ⅲ类的断面占评价断面总数的55.7%，Ⅳ～Ⅴ类断面占23.7%，劣Ⅴ类断面占20.6%。主要污染项目是化学需氧量、高锰酸盐指数、氨氮。与2010年相比，全国Ⅰ～Ⅲ类省界断面比例上升了4.1个百分点。各水资源一级区中，西南诸河区、东南诸河区Ⅰ～Ⅲ类水质省界断面占其评价断面总数的80%以上；珠江区、长江区和松花江区占60%以上；海河区省界断面水质污染较重，劣Ⅴ类水质断面占其评价断面总数的56%。

集中式饮用水水源地水质状况。2011年，全国评价了634个地表水集中式饮用水水源地。其中河流型饮用水水源地、湖泊型饮用水水源地、水库型饮用水水源地分别占评价水源地总数的59.9%、3.2%和36.9%。按全年水质合格率统计，合格率在80%及以上的集中式饮用水水源地有452个，占评价水源地总数的71.3%，其中合格率达100%的水源地有352个，占评价总数的55.5%。全年水质均不合格的水源地有31个，占评价总数的4.9%。

5. 地下水水质

2011年，北京、辽宁、吉林、黑龙江、上海、江苏、海南、宁夏、广东9个省市采用《地下水质量标准》（GB/T14848—93），对所辖区域的857眼监测井的水质监测资料进行了地下水水质分类评价。评价结果显示：水质适用于各种用途的Ⅰ～Ⅱ类监测井占评价监测井总数的2.0%；适合集中式生活饮用水水源及工农业用水的Ⅲ类监测井占21.2%；适合除饮用外其他用途的Ⅳ～Ⅴ类监测井占76.8%。主要污染项目是总硬度、氨氮、矿化度等。在9个省市中，海南的监测井水质以Ⅱ类为主；上海、北京以Ⅲ类为主；黑龙江、江苏以Ⅳ类为主；吉林、辽宁、广东、宁夏的监测井水质以Ⅴ类为主。

解决我国日益复杂的水资源问题，实现水资源高效利用和有效保护，根本上要靠制度、靠政策、靠改革。根据水利改革发展的新形势、新要求，在系统总结我国水资源管理实践经验的基础上，2011年中央1号文件和中央水利工作会议明确要求，实行最严格水资源管理制度，确立水资源开发利用控制、用水效率控制和水功能区限制纳污"三条红线"，从制度上推动经济社会发展与水资源水环境承载能力相适应。针对中央关于水资源管理的战略决策，国务院发布了《关于实行最严格水资源管理制度的意见》，进一步明确水资源管理"三条红线"的主要目标，提出具体管理措施，全面部署工作任务，落实管理责任和考核制度。这一水资源纲领性文件的出台和实施将极大地推动该项制度的贯彻落实，促进水资源合理开发利用和节约保护，保障经济社会可持续发展。

三、最严格水资源管理制度的理论基础

最严格水资源管理制度的理论基础主要包括三个方面：可持续发展理念、水资源可持续利用理念和人水和谐理念。

（一）可持续发展理念

1. 可持续发展思想的形成与发展

可持续发展思想在社会经济发展水平低下的人类初期，尤其在传统的农林业实践和水资源管理中可找到萌芽。例如，《吕氏春秋》中就提到"竭泽而渔，岂不得位，而明年无鱼；焚薮而田，岂不获得，而明年无兽"。这已含有持续利用可更新资源思想。但是，科学完整的可持续发展思想，却是在人类生态环境意识的逐渐增强，以及对人与人、人与自然的普遍联系认识过程中形成、完善与成熟的。

真正意味着可持续发展科学思想的形成与成熟，是在联合国等国际组织于 20 世纪 70～90 年代发表的四个重要报告中体现的。1972 年联合国在斯德哥尔摩召开了有 114 个国家代表参加的"人类环境会议"，该会议标志着人类环境时代的开始。会议发表的斯德哥尔摩《人类环境宣言》提出："为了这一代和将来世世代代，保护和改善人类环境已经成为人类一个紧迫的目标，这个目标将同争取和平和全世界的经济与社会发展这两个既定的基本目标共同和协调地实现。"1980 年国际自然资源保护联合会、联合国环境规划署和世界自然基金会共同发表了《世界自然保护大纲》，该书中对可持续发展思想给予了系统阐述，指出："强调人类利用对生物圈的管理，使生物圈既能满足当代人的最大持续利益，又能保持其满足后代人需求与欲望的能力。"1987 年由挪威前首相布伦特兰夫人领导的"联合国环境与发展委员会"发表了《我们共同的未来》，该报告是 1983 年该委员会成立以来多年研究的成果，在报告中可持续发展的概念第一次被真正科学地论述，从而标志着可持续发展思想的成熟。报告中对可持续发展的定义是："可持续发展是在满足当代人需求的同

时，不损害人类后代的满足其自身需求的能力。"1992 年在巴西里约热内卢举行了 183 个国家和 70 多个国际组织参加的联合国环境与发展大会，该大会上通过了包括《21 世纪议程》在内的 5 项文件和条约，标志着可持续发展思想被世界上绝大多数国家和组织承认和接受，标志着可持续发展从理论走向实践，从而拉开了一个新的人类发展观时代的序幕。①

2. 可持续发展思想的内涵

（1）可持续发展的主题是发展。发展是人类共同的和普遍的权利，无论是发达国家还是发展中国家，都享有平等的发展权利。《人类环境宣言》中提出两类不同的环境问题：一是发展中国家的环境问题；二是发达国家的环境问题。发展中国家的环境问题大多与"穷"字连在一起，称为"贫困污染"，解决这类环境问题只能靠发展。只有发展才能为解决"贫困污染"提供必要的物质基础，并最终摆脱贫困。从这个意义上说，发展是使发展可持续下去的必要的前提条件。因此，发展权对于发展中国家来说尤为重要。可持续发展中突出强调的发展，远比经济增长的含义广泛，强调用社会、经济、文化、环境、生活等多项指标来衡量发展。这种发展观较好地把当前利益与长远利益，局部利益与全局利益有机地结合起来，使经济发展、社会进步、环境改善。

（2）可持续发展把环境保护作为发展进程的一个重要组成部分。众所周知，今天的发展越来越依靠资源与环境的支撑，随着资源的耗竭和环境的退化，能为发展提供的支撑也越来越有限。因此，越是在经济快速发展的情况下，越需要加强环境保护和资源的永续利用。可持续发展把环境保护作为发展进程的一个重要组成部分，作为衡量发展质量、发展水平和发展程度的客观标准之一。这是区别于传统发展模式的一个重要标志。

---

① 龚建华：《论可持续发展的思想与概念》，载《中国人口·资源与环境》1996 年第 3 期。

（3）可持续发展强调代际间的公平。可持续发展强调当代人享有的正当的环境权利，后代人也同样享有。当代人不应滥用自己的环境权利，在追求自身的发展和消费中，剥夺后代人理应享有的发展与消费的机会。换句话说，人们享有的环境权利和应该承担的环境义务是统一的。

（4）可持续发展要求人们放弃传统的生产方式和消费方式。可持续发展要求人们重新考虑如何推动经济增长。环境退化的根本原因在于传统的生产方式和消费方式。因此，必须改变过去那种靠高投入、高消耗、高污染和低产出来带动和刺激经济增长的发展模式，转变为依靠科技进步和提高劳动生产率来促进经济增长的集约型发展方式。使生产能够尽量少投入、多产出，使消费能够尽可能地多利用、少排放，以减少经济发展对资源和能源的依赖，减轻对环境的压力。

（5）可持续发展要求人类摒弃传统文化，重视生态文化。传统文化以人统治自然为核心，没有摆正人在自然界的恰当位置，把自己放在主宰自然的地位上，割断人与自然和谐的关系。生态文化是人与自然和谐发展的文化。可持续发展要求人类用生态的观点重新调整人与自然的关系，改变对自然界的传统态度，不再把自然界看作是被人类任意盘剥和利用的对象，不再陶醉于对自然界的胜利。必须真正地把自然界看作人类生命的源泉和价值的源泉，最终使人与自然和谐相处。

（6）可持续发展承认自然资源具有价值，要求建立自然资源核算体系。长期以来，人们机械地理解经济学的价值理论，认为自然资源没有劳动的参与，因而没有价值。因此在产品价格中，没有包括自然资源本身的价值，也没有包括使用自然资源所造成的环境代价。结果导致资源被无偿占有、掠夺性开发和浪费使用，经济增长中显示出虚假的繁荣。可持续发展承认自然资源具有价值，要求合理确定资源的价格，对自然资源的损耗进行核算，并将其纳入国民经济核算体系，以正确地估量经济发展的实际状况和未来的发展潜力。[①]

（二）水资源可持续利用理念

水资源的可持续利用是既能满足当代人的用水需要，又不危害后代人满足其自身需要；既实现当代人类经济发展的目标，又保护人类赖以生存的自然资源，促进人与环境和谐发展。

1. 水资源可持续利用的伦理原则

（1）生态价值伦理观。与生态价值比较，以往无论是研究还是经济活动，人类更注重的是水资源的经济价值。要保证水资源的可持续利用，应更注重水的生态价值，特别是上升到生态伦理的高度，强调人与自然的和谐，将水资源的生态价值放在首位。

水资源在生态系统中发挥的作用体现了水资源的生态价值。它影响大气环流和气候的变化。水在生态系统中的运转帮助完成能量流动和物质转换，同时在创造清新空气和良好生态环境方面，水更具有无可替代的作用。人类要使水在生态系统中永远正常地发挥作用，就必须正确处理人水关系。在地球表层生态巨系统中，人类与一切自然要素组成了一个集团。伦理学认为，一个人同他所属的那个集团的共同生活的发展，要在不牺牲别的个人或群体的条件下实现。在生态系统中，人类同样无权剥夺水资源行使其自由和权利。水资源的基本自由是保持自身及其与人之间的动态平衡，而且能够提供最大产出。水资源在正常的生态系统内循环运转，维持自身平衡，造福人类，这是水资源的发展规律。人类在开发利用水资源时，不仅要遵循其自然规律，同时应该感受到自身及其水资源生态伦理权限的约束。自由和约束总是相辅相成的，只有人们意识到约束和限制时，他才可能意识到自由，也只有在人们意识到自由时，才可能意识到约束。人类必须将自己的自由限制在生态伦理权限范围之内，才能保证人与自然

---

① 周玉梅：《转变传统发展模式实施可持续发展战略》，载《吉林大学社会科学学报》1996 年第 6 期。

乃至人与水的和谐。这个生态伦理权限就是一切活动以维持自然界生态平衡为限度。一旦人类超常地自由发挥，掠夺性地开发水源，就势必要使水资源的权利受到侵犯，以致破坏自然生态系统的平衡，妨害和谐，人类也势必要负伦理责任，遭到自然的报复。因此，对待水资源，不能只是从消费者的立场出发，而应将水资源放在与人同等的地位上，充分尊重它的自由和权利，在开发利用的同时，建设它、保护它，把人类活动与开发利用和保护水资源三者统一起来，建立一种和谐的人水关系，并把这种事业作为协调人与自然关系的一部分。这就是人对水资源可持续利用的新的生态价值伦理观。

（2）经济价值伦理观。传统的经济和价值观念中，或者认为没有劳动参与的东西没有价值，或者认为不能交易的东西没有价值，两者都认为天然的自然资源没有价值。也正是这种资源无价的观念，导致多年来，对包括水资源在内的资源进行掠夺性的开发和浪费，甚至造成水资源短缺、生态破坏和环境恶化的严重后果，成为经济社会持续、稳定、协调发展的障碍。所以，要认识水资源的经济价值，首先应该确立水资源有价的观念。

从哲学的角度讲，价值并不是一个实体范畴，它不表现为独立于主体（人）和客体之外的第三个实体。价值是一种关系范畴，是主客体之间的一种统一状态。它通过客体对主体（人类）的作用反映出来，并作为主体对客体有用程度的反映，而客体的一定属性才是形成价值的客观前提和必要条件。水资源自身的经济价值始于水资源的经济属性。对于水资源来说，其属性是由其本身质和量的内在规定性决定的，和其他事物外在联系无关，而它的价值，则在被人利用中体现出来。

水资源具有以下几个特点：首先，水是为生产者和消费者所需的资源；水是稀缺的资源；水资源的用途是可以选择的。因而，水资源是一种经济资源。这就是说，水资源的价值由其自身的内在属性决定，并在人类的利用中表现出来。其次，水资源是经济社会发展的物质基础，是具有价值的东西。按照经济学的观点，凡是能够带来收益的东西都称为资产。水资源能够带来收益，当然是一种资产，是国民财富的重要组成部分。也正因为水资源能够带来经济效益，所以水资源的研究大多数着眼于一般意义上的经济价值，而没有将经济价值置于生态伦理的高度。社会和谐是在每个人遵守"人道"的条件下实现的。经济学中讲劳动价值论，即商品价值以凝结在商品中的社会必要劳动时间来计量，而劳动者付出劳动也有价值，其价值量以劳动过程的时间和强度来衡量，劳动所得就作为劳动者恢复体力和劳动力的报酬，这是追求社会和谐中遵守"人道"、尊重每一个人的自由和权利的一部分。那么，保证水资源可持续利用，就要将水与人置于同等地位，即都作为生态系统的一部分。生态伦理观强调尊重水的生态伦理权利，即在使用水资源时，一定要对水资源这个实体做出某些"报酬"性的支出，即要付水费，作为水资源恢复其再生能力的补偿。特别需要指出的是，人类利用水资源，无论是质还是量，都应以水资源的生态伦理权限作为"度"，一旦超过这个"度"，造成水问题，人类就应该对此付出更多的代价。这就是尊重水资源生态伦理权利，保证水资源可持续利用的水资源经济价值伦理观。

长期以来，一方面由于未能把水资源当成一种资源资产来对待，另一方面未能将水资源置于与人平等的地位，尊重其"权利"，致使我国的水资源产权管理相当混乱。因此，法律上规定水资源属国家所有，也就是说，每一个人使用水资源都是在行使其应有的权利。于是，吃水资源"大锅饭"变得有理有据，出现了水浪费、水污染、地下水超采，生态平衡失调，环境恶化的严重后果。那么，明晰水资源产权，加强产权管理，树立水资源经济价值伦理观念，就变得异常重要。

（3）世代交替价值伦理观。要研究水资源可持续利用，明确水资源的遗产继承性是相当重要的。水资源是一种资产，是国民财富的重要组成部分，它在人类社会的可持续发展中应该是代代相继、生生不息的遗产和财富，有着重要的世代交替和遗产继承价值。可持续发展的本质是要保持人与自然之间协调、持续稳定的发展关系，这也是生态伦理学的核心内容。体现在水资源上，就是运用生态学原理，增强水资源的再生能力，引导技术变革，制定行之有效的水资源开发利用战略，使发展更加趋于合理化。可持续发展的理论要求树立持续发展的资源利用观，对水资源等可更新的资源开发利用，要限制在其承载力限度内；在开发利用水资源时，不仅考虑当代人的利益，还必须兼顾后代人的需求，这不仅仅是一个伦理问题，而且是关系到人类社会能否永续发展下去的大问题。在人类社会再生产的漫长过程中，同当代人相比，后代人对水资源等自然资源拥有同等或更美好的享用权。当代人不应该牺牲后代人的利益换取自己的舒适，应该主动采用"财富转移"的政策，为后代留下宽松的生存空间，让他们同今人一样拥有均等的发展机会。可持续发展在资源的分配方面，讲求代际共享和代际均衡原则。代际共享原则说的是质的问题，即各代人应该公平，这是生态伦理学的核心观点之一，这种公平首先表现在对资源的拥有权上，而代际均衡则是量的问题，即各代人在对资源拥有的数量上的对比。在人类历史的发展过程中，每一代人既是水资源等自然财富的所有者，也是后代人所应有财富的代管者。每代人生存时间是有限的，在这有限的生命周期内，每代人都从上代人那里继承财产，最终也会将未耗完的财产转移给后代。财富转移有实物量和价值量方式，后者不仅将实物量转化为价值量，而且包括用资金、技术方式对下一代的补偿转移。当代人消耗掉本应属于下代人的物资财富时，就应该采取恰当的方式对下一代进行合理补偿，这样才有代际均衡发展的可能，也才有可持续发展的可能。①

2. 水资源可持续利用的目标构成

水资源可持续利用的根本目的是通过水资源的合理开发、利

---

① 李菲、惠泱河：《试论水资源可持续利用的价值伦理观》，载《西北大学学报》（自然科学版）1999年第4期。

用、治理、配置、节约和保护等措施，实现社会经济的可持续发展。由于社会、经济、资源和环境之间存在着相互冲突的需水要求，实现一个目标必然对其他目标产生影响，因此在考察水资源可持续利用的社会目标、经济目标和环境目标体系的基础上，应建立起各个目标之间相互协调的关系。

（1）社会目标。满足人们对生活需水的基本要求是水资源利用的最基本目标。在所有的水资源规划和管理中，城镇和农村生活需水总是放在最优先的地位。城市化进程使许多农村人口向城市转移或形成新的城市群，从而使社会目标在水资源可持续利用中占有越发重要的地位，反映生活需水增长的基本要素是人口。由于世界人口的不断增加，近40年来，世界人均占有的淡水资源量几乎下降了一半。特别是进入21世纪，人口增长与社会经济发展对水资源形成了巨大的压力。据有关国际组织对149个国家进行的预测，1990年缺水国家的人口为1.32亿，到2025年，根据人口增长的预测，届时缺水国家人口将增加到10.6～24.3亿，占世界总人口的13%～20%，而实际上水资源短缺的人口可能比预测数还要多。需水增长的另一个要素是生活水平的提高所带动的用水标准的提高，目前发展中国家的生活用水水平远远低于发达国家的生活用水水平。社会目标应充分考虑到社会进步对水的基本和增量要求。

（2）经济目标。水是人类生存与发展的生命线，是关系社会发展和人类进步的重要资源。水在工业、农业以及其他行业的发展中的作用是衡量水资源可持续利用经济目标的基本要素。在缺水地区，水的短缺甚至成为制约经济发展的首要因素。因此，人类未来的经济发展，特别是从经济的可持续发展的战略高度来看，水资源的地位和作用是无法替代的。

水是农业的命脉。从全球范围看，农业灌溉一直是水资源供给中的主要对象，占70%左右。但粮食生产中的高耗水使人们在水资源可持续利用规划中不得不认真分析其经济上的贡献和合理的方式与布局。据统计分析，按照常规的灌溉方式，生产1kg

玉米或小麦消耗的水量 600 ~ 800kg，生产 1kg 水稻消耗水量 800 ~ 1200kg。在我国北方，特别是西北干旱、半干旱地区，年平均降水量少于 400mm，所以种植业必须依赖于人工灌溉。在我国年平均降水量为 400 ~ 800mm 的半湿润地区，水稻则必须依靠人工灌溉才能正常生长，旱作物除少数湿润年份外都需要灌溉。因此，无论是北方干旱地区，还是南方湿润地区，确保水资源可持续利用，起着保证粮食安全供给和促进经济发展的双重作用。

水是工业的血液。从古代的手工业到现代的高科技工业，没有一项工业的生产过程不需要水，又没有哪一个工业部门离开了水能得到发展。然而，由于工业产品及工艺水平的不同，单位产品用水量变化范围相当大。目前在我国工业领域，水资源的循环利用率还较低，单位产量的耗水量还相对较高，如冶金工业中，生产 1 吨生铁用水 20 ~ 50m³，1 吨钢用水 150 ~ 300m³。造纸、纺织和石化工业用水就更多，生产 1 吨纸用水 200 ~ 300m³，1 吨化肥用水 500 ~ 600m³。食品工业用水也不少，屠宰场加工一头牲畜的用水不低于 0.5m³，1 吨奶制品用水 5m³，生产 1 吨糖用水 100m³ 等。工业作为经济发展中重要的组成部分，在增加 GDP 方面必须要有水资源的保证。因此，提高水的循环利用率、降低总需水、增加单方水的产值是水资源可持续利用的重要衡量指标。

水是第三产业的促进剂。随着经济结构的调整和优化，第三产业在经济中的作用越来越重要，而优质供水在该行业中的作用是无法替代的。水还是能量的一种运载体，处于静止状态下的水，在重力和大气压力作用下而具有势能，静水失去约束流动时，势能就逐渐转换为动能。人类就是根据这一特点，利用各种形式的水力机械将水能转变为机械能或电能作为人类生活、生产所需的动力。水运是最古老的交通方式之一。自古以来，人类就利用河流、湖泊和海洋等水域进行内河航运和远洋海运，成为促进国际交流和国际经济发展的重要手段。

水资源的重要功能显示了它的经济效益是十分巨大的，水通过经济发展中的各种载体实现自身的价值。因此，水对人类社会经济发展的影响，既要从宏观和微观两种尺度考察，又要用定量和定性两种方法来分析和描述。

（3）环境目标。水资源可持续利用的环境目标表现为保证良好生态环境的需水要求，建设优美的人类生存和发展环境。环境问题是在人类发展经济的过程中产生的，一切环境问题，包括环境污染和生态破坏，不仅都明显地涉及水的自然条件，而且还与水资源的不合理开发利用密切相关。因此，要保护地球的生命力和生物圈的生产力、恢复力及多样性，要保护各种生命的支持系统，就必须确保水资源的可持续利用。实现环境目标就是要保护环境和加强环境建设，而保护环境首先是保护水环境，并在经济发展的同时通过改善水环境，解决环境的恶化问题。保护环境的另一个重要方面是要防止对自然资源，尤其是水资源被掠夺性地开发和过度地消耗，因为那样不仅会影响经济的发展，而且生态环境也会恶化，还会失去可持续发展的基础。因此，衡量环境目标，一是人类的生存与发展的资源是否能满足世世代代延续发展的需求，二是人类在利用自然和改造自然的历史进程中是否对人类的未来的生存空间和健康水平构成严重的威胁。

（4）多目标协调与可持续发展。水资源可持续利用的社会、经济与环境目标是相互关联，又相互制约的，追求可持续发展就是要实现三个目标之间的均衡。这也是可持续发展有别于一般单目标的突出之处。国际上关于水资源管理和可持续利用的趋势也正是将水问题与技术、经济、环境、社会、法律等综合到一个共同的框架中去，并将所有用户需求与防灾减灾等集成到社会经济发展规划的过程之中，多准则评价、多目标协调成为评价各个发展目标之间关系的基本方法。

3. 水资源可持续利用的基本任务

水资源的可持续利用的基本任务是在可持续发展的思想指导下，通过水资源的开发、利用、治理、节约、配置、保护，提供人类社会生存和发展所需要的水资源。水资源可持续利用的基本任务又可以分解为：提供日益增长的人口和生活质量不断提高所要求的水资源；满足生态环境持续改善和维护后代人生存和发展环境所必需的环境需水；保障国民经济发展对水资源质和量的要求；具备对与水有关的灾害快速监控的能力。[①]

（三）人水和谐理念

人水和谐相处已成为人类发展的共识。"和谐"一词来源于哲学，主要是指系统中的各个要素、部分之间协调统一，符合自然规律且适当。因此，人水和谐可以厘定为：社会人文系统与整个水环境系统之间相互协调统一的可持续发展状态，即在人类保护并改善水环境系统自净能力和循环更新能力的基础上，使水资源能够永久往复利用，保障人类生存和经济的可持续发展。[②] 人水和谐有其深厚的哲学根源，它源于中国古代"天人合一"的传统哲学思想。

"天人合一"思想由来已久，具有宗教神学意义的"天人合一"观可以追溯到夏商之际，而具有哲学意义的"天人合一"观最早形成于春秋时期。

《周易·乾卦·文言》说："'大人'者与天地合其德，与日月合其明，与四时合其序，与鬼神合吉凶，先天而天弗违，后天而奉天时。"这种观点认为"天人合一"思想是人生的最高的理想境界。《中庸》说："能尽人之性，则能尽物之性；能尽物之性，则可以赞天地之化育，则可以与天地参矣。"《孟子·万章上》说："莫之为而为者，天也；莫之致而致者，命也。"《孟子·万章上》与《中庸》天人的观点一脉相承，认为天命是人力做不到达不到而最后又能使其成功的力量，是人力之外的决定力量。《老子》说："天地所以能长且久者，以其不自生，故能

---

① 刘恒、陈明忠：《水资源可持续利用的基本任务与对策分析》，载《中国人口·资源与环境》2001年第1期。

② 黄华：《人水和谐：社会和谐发展的基本维度》，载《江西师范大学学报》（哲学社会科学版）2010年第4期。

长久。"庄子认为"天地与我并生，万物与我为一"。汉代董仲舒明确地提出了"天人之际，合而为一"的思想。宋代张载明确地提出了"天人合一"的命题；程颐说："天、地、人，只一道也。"总之，哲学意义上的"天人合一"观发源于春秋，而成熟于宋代。

"天人合一"思想的内涵。"天人合一"思想由来已久，又是中国哲学史上的一个非常重要的命题，中外研究中国哲学的学者对此都有自己的解释。中国哲学中，"天"的含义是多元的，主要有三种含义：一是最高主宰（有人格意义），二是大自然，三是义理（有超越性义、道德义）。"人"可以指人生，也可以指人类。而"合一"在古代的含义与现代汉语中的"统一"可以说是同义语，即指对立的两方彼此密切联系不可分离的关系。在此，将"天"理解为大自然，将"人"理解为人类，"天人合一"可以解释为：人类与大自然的和谐统一。

"天人合一"思想带给人们的启示是：第一，人是大自然的一部分，因而不能把人和自然看成是对立的，人与自然本来应该是一种朋友关系，应该平起平坐，绝对不能有危害自然甚至征服自然的念头。第二，自然界有普遍规律，人类也应服从这一普遍规律。第三，不能把人类和大自然的关系看成是一种外在关系，而应是一种内在关系，人类同大自然相互依存。第四，大自然有生长养育万物的功能，人类也应该有"爱人利物之心"。第五，"天人合一"这一思想体现着人类同大自然之间的复杂关系，它不仅包含着人类应如何认识大自然的思想，也包含着人类应尊敬大自然的思想。[①]

如何处理人与自然的关系，一直存在着人类中心主义和自然中心主义两派的对立。人类中心主义把人类的利益作为人类活动的价值标准，认为人是活动的目的，人类的一切活动都是为了满

---

① 董飞：《"天人合一"思想与水环境问题的解决》，载《西部经济管理论坛》2013 年第 3 期。

足自己的生存和发展的需要，如果不能达到这一目的的活动就是没有任何意义。人类中心主义重视人的价值和作用，强调人的主体地位，但也存在着忽视自然，过分放大自身的主体性，无视自然的存在和价值的倾向。这种倾向必然导致严重的环境生态问题，不利于人类的可持续发展。自然中心主义认为，人类中心主义是环境问题产生的根源，强调人与其他生物及实体都是平等的，应坚持自我实现与生态中心平等原则，尊重非人存在物的权利。自然中心主义过分强调非人存物的权利，会使人在处理人与自然关系时出现不可克服的矛盾，影响人类的生存和发展。

　　"天人合一"的思想克服了人类中心主义和自然中心主义的缺陷，强调人与自然的统一，人的行为与自然的协调，道德理性与自然理性的一致。按照"天人合一"的思想，人必须在尊重自然规律的前提下，发挥主观能动性，顺应自然规律，利用和改造自然来满足人类的需要，同时最大限度地保护自然生态环境，使其不遭到破坏；另外，自然界也不是主宰人类命运的神秘力量，它是可以被认识、被人类利用的。人水和谐正是"天人合一"思想的在人与水环境问题关系上的具体表现，体现了人水和谐的辩证法。①

---

　　①　管华：《"人水和谐"与生态政治关系的思考》，载《经济研究导刊》2009年第30期。

第二章 最严格水资源管理制度的实施重点

一、水资源开发利用控制红线管理

(一) 水资源论证制度

1. 水资源论证制度的功能

水资源论证制度作为水资源管理的基本制度之一,对实行最严格水资源管理制度具有十分重要的意义。

(1) 水资源论证是水资源开发利用与管理的前置把关环节。水资源论证制度的特点之一是从源头把关水资源的开发利用。规划水资源论证是在国民经济社会发展的规划环节,从宏观层面论证经济社会发展战略与水资源承载能力的协调性,预防规划实施出现水资源问题。建设项目水资源论证是在具体项目建设决策方面,从微观层面论证建设项目与区域水资源条件的适应性及建设项目取、用、退水的合理性,预防建设项目上马后对区域水资源可持续利用以及其他取用水户的不利影响。水资源论证关口直接关系着后续的水资源开发、利用、节约和保护等工作。因此水资源论证充分体现了水资源管理以预防为主的指导思想,是水资源管理中十分重要的前置把关环节。

(2) 水资源论证是实行最严格水资源管理制度的管理纽带与综合平台。水资源论证以国家产业政策和水资源管理政策、法规、规划等为依据,检验规划及建设项目是否符合流域、区域取用水总量控制的要求,是否符合节约用水的要求以及是否符合水功能区的管理要求。其实质是检验规划及建设项目与水资源开发利用控制红线、用水效率控制红线和水功能区限制纳污红线的符合性，是将"三条红线"的管理要求放在一个综合平台上时体现，因而水资源论证是联系水资源管理"三条红线"的纽带。水资源论证广泛涉及水资源管理中的水量分配方案、定额管理、取水许可、水资源调度、节约用水、入河排污口和水功能区管理等各个方面，是将水资源管理要考虑的各个方面共同放在一个工作平台上予以统筹解决，是协调水资源管理各个方面的纽带。同时水资源论证不仅仅从水资源可持续利用方面出发，还要充分保障规划及建设项目的合理需水，不仅论证规划及建设项目本身的合理性还要分析对其他相关用水户及生态环境的不利影响，因此水资源论证提供了一个很好的管理纽带与综合平台。通过这个平台可以实现水资源开发与保护的相互协调，水资源管理各个方面的相互协调以及规划和建设项目自身与受影响方的协调。

（3）水资源论证是落实最严格水资源管理制度的重要抓手。近年来，《水法》、《取水许可和水资源费征收管理条例》、《水量分配暂行办法》等法律法规相继颁布或修订，但从总体来看，现有水资源管理法规还不够健全特别是制度的可操作性较差，这也是水资源管理各项制度落实不够的主要原因之一。凡不能通过水资源论证报告书审批的建设项目，取水许可申请不予批准，意味着建设项目没有水源保障；建设项目无法被审批和核准，意味着建设项目不能上马。这是一项十分有力的管理措施，不仅促使建设项目业主单位必须主动考虑水资源保护问题，也为各级水行政主管部门具体落实水资源管理各项政策提供了重要抓手。因此，尽管水资源论证制度的推行不长，但其已成为各级水行政主管部门从事水资源管理的重要抓手。①

2. 水资源论证制度存在的主要问题

（1）适用范围狭窄

第一，水资源论证制度不能适用于非常规水源的开发利用。

---

① 程晓冰、齐兵强：《对强化水资源论证工作的思考》，载《中国水利》2010年第19期。

我国目前关于水资源论证制度的立法规定主要集中于《取水许可和水资源费征收管理条例》第 11 条和《建设项目水资源论证管理办法》。根据上述条文的规定，建设项目需要取用水资源的，应当提交水资源论证报告书，开展水资源论证。因此，我国的水资源论证制度在适用范围上与取水许可制度保持一致。之所以做出这样的规定，是因为水资源论证是水利部门向取水申请人发放取水许可证的技术依据，只有通过水资源论证审查才能够获得取水许可证，因而水资源论证制度是实施取水许可制度的一个环节。这样规定的好处是可以充分发挥水资源论证客观性、准确性的优势，提高取水许可审批的科学性。然而这样规定也带来一定弊端，限制了水资源论证制度的适用范围。之所以这样讲，是因为我国现行取水许可制度的适用范围非常有限。根据《取水许可和水资源费征收管理条》第 2 条规定，取水许可制度仅适用于直接从江河、湖泊和地下取用水资源的行为。因而取用雨水、中水、海水淡化水及自来水等水源的建设单位，就不用办理取水许可证，当然也就不用进行水资源论证。近些年来，受水资源条件的限制，越来越多的企业不再直接取用江河、湖泊或地下水作为生产用水，而改为取用雨水、中水、海水淡化水和自来水等水源。这些水源虽不属于我国法律所界定的"水资源"，但自然界中的水循环却不局限于法律所界定的江河、湖泊和地下水资源，而是包含整个水物质在内的大循环。过量取用上述水源且向环境大量排水，必然对整个自然界的水循环带来消极影响。然而目前这样的行为完全游离于国家的水资源管理之外，削弱了国家对水资源开发利用的管理能力。

第二，水资源论证制度不能适用于规划。我国目前的水资源论证制度仅能适用于开发利用水资源的建设项目，还无法对开发利用水资源的各类规划产生影响和制约。规划是为完成某一任务而作出的长远打算，既然是长远打算，则必然内容广泛、时间跨度大。作为国家筹划社会发展目标的一种重要工具，规划规范的是包括生产与消费在内的众多的人类的经济行为，实质上是对社会物质资源的再分配。作为人类社会物质资源的重要形式之一，水资源亦受到规划的重要影响，同时也极大地制约着规划的实现程度。因此，规划的编制，应当考虑其对水资源配置的影响，同时亦应当考虑水资源条件对规划实施的制约作用。与单一的建设项目相比，规划的内容更为广泛，影响更为深远。如果说单一建设项目的水资源论证所起到的是"点"上的效果，那么规划水资源论证对水资源配置和地区经济可持续发展所起到的作用则是"面"上的效果。

　　（2）制度实施缺乏充分的法律依据

　　首先，对水资源论证报告书进行审批的法律依据不稳固。《行政许可法》第14条规定："本法第十二条所列事项，法律可以设定行政许可。尚未制定法律的，行政法规可以设定行政许可。必要时，国务院可以采用发布决定的方式设定行政许可。实施后，除临时性行政许可事项外，国务院应当及时提请全国人民代表大会及其常务委员会制定法律，或者自行制定行政法规。"这一条的核心内容是允许国务院通过发布决定的形式，对一些缺乏法律和行政法规依据的行政许可事项予以设定。为了解决"建设项目水资源论证报告书审批"等行政许可事项缺乏有效立法依据的问题，国务院于2004年6月29日发布第412号令，即《国务院对确需保留的行政审批项目设定行政许可的决定》，明确规定了"建设项目水资源论证报告书审批"这一行政许可事项，从而避免了该审批事项与《行政许可法》相抵触情形的发生，使水资源论证制度可以继续有效实施。但根据《行政许可法》上述规定，国务院发布的设立行政许可的决定并不是一项行政许可事项合法化的根本依据。有权设立稳固的行政许可事项的立法文件仅是法律和行政法规，相比而言，国务院通过发布决定形式所设立的行政许可事项在法律效力上具有相对不确定性。

　　其次，对从业人员开展职业资格管理缺乏法律依据。水资源论证是一项专业性极强的工作，从业人员只有具有一定的专业知识和能力才能编制出合格的水资源论证报告书，并进而对水资源开发利用中的具体问题提出准确、客观的技术结论和建议。因而，对水资源论证从业人员应当开展专业化管理，建立从业人员职业资格制度或业务培训制度。而根据《行政许可法》及国务院的相关规定，目前开展水资源论证从业人员的职业资格管理和业务培训缺乏法律依据。2007 年，国务院办公厅发布了《关于清理规范各类职业资格相关活动的通知》。根据该通知，职业资格包括行政许可类职业资格和非行政许可类职业资格。行政许可类职业资格必须按照《行政许可法》的规定，由法律、行政法规或国务院决定予以设定；而非行政许可类职业资格则必须由国务院人事、劳动保障部门会同有关部门批准设置。水资源论证从业人员职业资格和上岗培训属于非行政许可类职业资格，因为其设定无法律、行政法规或国务院决定的依据。同时，该职业资格又属于水利部自行设定的非行政许可类职业资格，没有得到国务院人事、劳动保障部门的批准。因此，水资源论证职业资格和上岗培训制度无疑成为被清理的对象。水资源论证对于经济社会可持续发展意义重大，且具有极强的专业性，不实施严格的行业准入制度意味着任何人都可以从业，这根本无法保证水资源论证制度的严肃性和科学性。

最后，追究法律责任缺乏上位法依据。《建设项目水资源论证管理办法》第 13 条规定："从事建设项目水资源论证工作的单位，在建设项目水资源论证工作中弄虚作假的，由水行政主管部门取消其建设项目水资源论证资质，并处违法所得三倍以下，最高不超过 3 万元的罚款。"该条违反了《行政处罚法》的规定。《行政处罚法》对部门规章设定行政处罚的权限做出了明确的限定：一是对罚款额度的限定，即部门规章设定罚款的额度不能超过 3 万元；二是行政处罚种类的限定，即部门规章只能设定警告和一定数量的罚款的行政处罚，而不能设定暂扣或吊销许可证照、没收违法所得和行政拘留等行政处罚。该条规定实际是行政机关对已颁布的行政许可的撤销，超过了《行政处罚法》规

定的部门规章设定行政处罚种类的权限，构成了对上位法的
违反。①

3. 完善水资源论证制度的对策

（1）尽快出台《水资源论证管理条例》。制定《水资源论证
管理条例》应注意以下几个方面：

一是要符合《水法》规定。《水法》第 22 条规定跨流域调
水应当进行全面规划和科学论证，第 23 条规定国民经济和社会
发展规划以及城市总体规划的编制重大建设项目的布局，应当与
当地水资源条件和防洪要求相适应，并进行科学论证。亟待出台
的《水资源论证管理条例》，应总结借鉴《建设项目水资源论证
管理办法》实施以来的成功经验，并在其基础上增加跨流域调
水和规划水资源论证等具体规定和要求，与水法相配套和衔接。

二是要符合《行政处罚法》规定。亟待出台的《水资源论
证管理条例》应与《行政处罚法》等相关的上位法内容相符，
克服《建设项目水资源论证管理办法》第 13 条关于取消建设项
目水资源论证资质的合法性不足。

三是要符合《取水许可和水资源费征收管理条例》规定。
《取水许可和水资源费征收管理条例》的施行，简化了行政许可
程序，取消了取水许可预申请的规定。《水资源论证管理条例》，
应取消建设项目水资源论证管理办法中关于取水许可预申请的规
定，以便与《取水许可和水资源费征收管理条例》的规定相符。

四是要与《取水许可管理办法》相协调。《建设项目水资源
论证管理办法》与《取水许可管理办法》（水利部令第 34 号）
的立法主体和法律效力位阶相同，但两者对"取水量较少且对
周边环境影响较小的建设项目，申请人可不编制建设项目水资源
论证报告书"这同一管理事项的规定有明显差别，前者明确不
需要编制建设项目水资源论证报告书的情形由省级水行政主管部

---

① 冯嘉：《中国水资源论证制度存在的主要问题及完善的思路》，载《资源科
学》2012 年第 5 期。

门规定，后者却明确由水利部规定。因此，《水资源论证管理条例》应与《取水许可管理办法》相协调。①

五是要将水资源论证的适用范围进一步扩大。《建设项目水资源论证管理办法》第2条规定："对于直接从江河湖泊或地下取水并需申请取水许可证的新建改建扩建的建设项目建设项目业主单位，应当按照本办法的规定进行建设项目水资源论证，编制建设项目水资源论证报告书。"可以说，建设项目水资源论证是项目"点"上的论证，无法考虑到整个区域的水资源承载能力或者水资源的优化配置，无法对宏观性的、对水资源开发利用有重大影响的规划进行控制。只有与规划水资源论证制度结合起来，才是高效的水资源管理制度。将规划纳入水资源论证体系已是大势所趋。

《水法》第22条规定，跨流域调水应当进行全面规划和科学论证；第23条规定，国民经济和社会发展规划以及城市总体规划的编制，重大建设项目的布局，应当与当地水资源条件和防洪要求相适应并进行科学论证。由此看来，这一点在现行立法中已有所体现，只是《建设项目水资源论证管理办法》未进行明确规定。水法中的规定便成了缺乏操作性的宣誓性条款。因此，进一步扩大适用范围成为必需：一是适用于跨流域调水行为；二是适用于制定国民经济和社会发展规划、城市总体规划、综合开发利用规划和产业发展规划等规划；三是适用于取用自来水、水库中的水以及雨水、中水等非常规水源的行为。②

（2）加强与环境保护部门的工作协调。由于水资源论证与环境影响评价的关系密切，水行政部门与环境保护部门应加强工作协调。按照一般的理解，既然环境影响评价是最先进行的，开

---

① 陈红卫：《提升水资源论证法律位阶的建议》，载《水利发展研究》2012年第3期。

② 程晟：《水资源论证制度的实施困境与完善对策研究》，载《西南农业大学学报》（社会科学版）2013年第3期。

发资源和防治污染这两方面本身就要纳入环境影响评价，那能否将水资源论证环节作为环境影响评价的一部分呢？答案是否定的。水资源论证具有相对独立的内容，环境影响评价不能完全涵盖。政府必须通过采取有效的宏观调控、市场运作等手段统筹解决水资源问题，保证水资源的合理配置，而建设项目水资源论证是主要手段之一。因此，各行政部门之间的交流与协作显得尤为重要。水行政部门在实施水资源论证时，可以主动沟通共享信息。比如水资源论证报告书中相当一部分系统资料是由水文机构或水文相关单位提供的，如果计入论证收费，收费标准可能大幅度上升，会增加不小的执行成本。有条件的信息互通有利于提高行政效率，减轻申请人的负担，节省企业的投入支出，符合行政许可法的立法宗旨。

（3）借鉴环评制度实施的有益经验。这些经验包括：

一是水资源论证的起始时间。水资源论证的起始时间决定了报告书的内容设置和重点分配，但是，现行立法中相应的规定并不清晰。《建设项目环境保护管理条例》第9条第1款规定，建设单位应当在建设项目可行性研究阶段报批建设项目环境影响报告书。同时《建设项目水资源论证管理办法》第11条规定，业主单位在向计划主管部门报送建设项目可行性研究报告时并附具经审定的建设项目水资源论证报告书。这便让两份报告书的编制时间先后变得模糊和无法确定。水资源论证应按照国务院关于投资体制改革的决定，对实行审批制的项目，明确在立项或项目建议书审批后开展水资源论证；对实行核准制和备案制的项目，明确编制项目可行性研究报告或初步设计方案与水资源论证同步进行，相互协调。

二是水资源论证的跟踪评价。任何事先的评价和论证都需要后期实践操作中的验证，从水资源论证的科学性、完备性和实效性角度分析，只有后续管理制度的跟进才能全面了解项目建成投产后的取水、用水、节水和退水情况。环境影响评价中已经规定了环境保护部门的跟踪检查制度，水资源论证应当借鉴这一做法。

三是水资源论证的体系建设。对于水资源论证机构资质管理制度，要严格此类中介机构的市场准入，用行政手段进行管理。可以适当扩充水资源论证乙级资质单位，在其业务范围内增加水资源论证报告表的编制；增加经设区市级水行政主管部门审批、报省级水行政主管部门备案的水资源论证丙级资质单位，其业务范围仅限于编制水资源论证报告表；制定和推行水资源论证的招投标制度；明确规定资质使用、变更、注销、撤销等监管措施。对于从业人员管理制度，要注重水资源论证从业人员的知识更新，增加学习培训和研讨交流的次数，严格上岗资格、年审和淘汰制度，提高从业人员上岗资格证的含金量。这是论证机构的配套制度，目的在于将法律责任落实到行为人，也是约束其具体编制行为的行业规范。对于审查专家管理制度，可以参考环境影响评价审查专家库管理办法，同时，扩充其他行业的专家数量和地方水利系统评审专家库。可以采取随机抽取的方式，实行评审专家的日常考评机制，明确报告书评审专家代表的是所在单位的审查行为，避免因利害关系人的介入影响报告书的质量。对于水资源论证技术标准制度，《建设项目水资源论证报告书编制基本要求》和《建设项目水资源论证导则（试行）》均为基本要求，但报告书编写提纲大致相似，不能体现不同行业的特殊性，致使报告书编制单位与技术评审专家在实际工作中存在一定的随意性。因此，水资源论证要参考环境影响评价制度，制定国民经济和社会发展规划、城市总体规划、工业园区规划和电力、钢铁、纺织、化工、造纸、冶金、皮革等行业的水资源论证导则，使水资源论证报告书编制的技术标准体系完善。

（4）网络信息的构建与融合。为了便于公众获取相应的环境信息，进一步保障执法过程的公开和透明，水利部门建立了相应的网站。大量的水资源论证报告以及资质文件的管理，也需要简便快捷的数字化管理。水资源论证的网络信息，充分体现了水资源论证制度逐步发展的过程，是开展水资源论证的引导和辅助工具。水行政部门还应定期举行优秀的报告书评比活动，成为督促编制单位尽职尽责的有效方式。相比于水资源论证，环境影响评价网络系统已经非常规范和系统化。环评网站的信息发布集中在污染物的减排方面，主要开展一些环保公益性行业科研专项，包括温室气体的控制、工业各行业的调研和环境承载力评价等。点击在线查询系统，可以查阅相关的资质信息，公众能为环境影响评价动态投稿，在论坛上建言献策。[①] 这些都值得水资源论证网络建设参考借鉴。

（二）取水许可制度

1. 取水许可制度存在的主要问题

（1）取水许可审批模式不统一。《取水许可和水资源费征收管理条例》规定申请取水的单位或者个人，应当向具有审批权限的审批机关提出申请，审查通过，取水工程或者设施经验收合格后，由审批机关核发取水许可证。但是有关法律文件并没有对取水许可审批模式做进一步的说明，在实践中存在两种取水许可审批模式：一种是按建设项目取水口颁发取水许可证，即项目法人可能有多个取水许可证，分别对应不同的取水地点；另一种是按建设项目法人颁发取水许可证，即项目法人只有一个取水许可总证，但是会分别对不同取水口做登记。两种模式的不同，很容易造成管理中的交叉或者管理不到位。以三期开发的火电厂为例，每一期的取水量均为省级水行政主管部门审批的权限，如果按取水口颁发取水许可证，则该火电厂应全部由省级水行政主管部门颁发取水许可证。但是，火电厂三期取水量之和达到了流域机构审批的权限，如果按项目法人颁发取水许可证，则该火电厂应由流域机构颁发取水许可证。

（2）取水许可管理与水权制度尚不能有效衔接。2005年水利部分别发布了《水利部关于水权转让的若干意见》、《水权制度建设框架》，2008年颁布实施《水量分配暂行办法》。《水量

---

① 程晟：《水资源论证制度的实施困境与完善对策研究》，载《西南农业大学学报》（社会科学版）2013年第3期。

分配暂行办法》和《取水许可和水资源费征收管理条例》互为补充，标志着我国初始水权分配制度已经基本建立。我国水权制度是在取水许可制度、总量控制和水量分配制度基础之上建立的，是以政府调控和市场机制相结合为原则，是国家对水资源实行统一管理和宏观调控，各级政府及其水行政主管部门依法对水资源实行管理的水资源配置机制。其中水权交易是以取水许可制度为基础，按《取水许可管理办法》进行水权转让需要办理取水许可变更手续，水权转让是水权持有者之间的一种市场行为，需要建立政府主导下的民主协商机制，政府是水权转让的监管者。

我国水权制度相对于国外水权制度有很大的差别，从取水权的取得到水权转让，都是以取水许可制度为基础，水权制度是几套法律法规体制构建而成的，水权制度的完善需要几套体系的协调及扩展。而国外水权制度基本上为一套完整的体系，例如，美国加利福尼亚州的水权制度，按水权期限分为短期水权和长期水权，短期的水权租赁或转让制度可以通过供用水户之间签订合同的形式实现，可以大大缩减交易成本和提高水资源使用效率。从我国当前水权制度框架来看，难以推行这种短期的水权租赁或转让制度。此外，从我国已经发生的许多水权交易或管理的实例来看，还存在部分与目前水权制度不协调的地方。例如，一些地方从水权的概念入手实施取水许可审批，水行政主管部门向供水水库业主单位颁发取水许可证，不再向供水水库内取用水的单位或个人颁发取水许可证，即水库业主单位拥有水权，水库业主单位与用水户签订用水协议。由于取水许可审批的对象是水库业主单位，而不是实际的用水单位或个人，造成水行政主管部门对实际的取水单位或个人的监督管理难以到位，对违法取用水的取水单位或个人也难以进行处罚。

《水法》和《取水许可和水资源费征收管理条例》规定的是取水权的概念，即水权转让为取水权的转让。而《水利部关于水权转让的若干意见》、《水权制度建设框架》中提出的水权意义更广，水权转让中的水权为使用权的转让，导致水权概念的不一致。

（3）取水许可管理权限还需进一步明确。首先，《取水许可和水资源费征收管理条例》中部分取水许可审批权限的规定还需要进一步界定。例如，跨界取水许可审批可以根据《取水许可和水资源费征收管理条例》第14条第1款和第4款实施，但是如何实施没有相应的说明文件。单从《取水许可和水资源费征收管理条例》来看，第4款的内容实际上已经包括了第1款的内容。审批权限界定不清，为水行政主管部门行政执法带来了很大的困难，并引发省际水事纠纷。此外，《取水许可和水资源费征收管理条例》实施后对取水许可管理权限的划分与出台前由于历史原因而形成的取水许可管理相矛盾，相关涉水法律法规文件没有提出相应的解决办法，这也是许多地区水事纠纷发生的重要原因之一。其次，跨流域调水的建设项目取水许可审批权限缺位。跨流域调水，如南水北调中线工程的调水，实际上已经超出了目前我国的水资源管理体制。《水法》规定我国的水资源管理是以流域管理与行政区域管理相结合的管理体制，没有涉及跨流域调水管理权属的内容，即流域间权属划分。这一类调水的取水许可审批与水资源费征收，应制定专门的管理办法。

（4）供水对象改变的取水许可变更。随着城市化进程的加快和经济社会的快速发展，生活用水和工业用水快速增长，许多已建水库面临改变原有供水对象或优先次序的问题，大量的农业用水转变成了工业用水和生活用水。但是目前正常开展该项工作在我国许多地区还存在一些困难：按照法律法规的要求，压缩农业取水许可审批水量需要办理取水许可变更手续。一般情况下，特别是对于市、县级水行政主管部门管理的中小型水库，有关单位不愿或不能提交取水许可变更的技术报告。按《行政许可法》的要求，供水水库改变原有供水对象或用水优先次序应当告知利害关系人进行听证，但是农业用水的听证人员如何选取才能具有代表性。此外，南方的农业用水绝大多数没有颁发专门的取水许可证，也没有指定的项目法人，听证没法实施；在实际的工作中，也没有举行听证，这不符合有关法律的规定。从目前供水水库年度取水计划审批来看，计划取水月分配制定不够严格，只有供水总量的月分配计划或水力发电的月分配计划，而对于生活用水、农业用水没有专门列出取水月分配计划。由于绝大多数农业用水无取水计量，农业用水在体制上不能得到保证，如果在枯水年份供水水库水资源总量不能满足供水需要时，农业用水的水资源分配难以实施。

（5）水资源费征收与分配。根据《取水许可和水资源费征收管理条例》，水资源费由取水审批机关负责征收；其中，流域管理机构审批的，水资源费由取水口所在地省、自治区、直辖市人民政府水行政主管部门代为征收。然而，部分流域机构审批的建设项目很难判断取水口属于哪个省，比如省际边界河流上的水库、以水库大坝中轴线为界的水库。目前，在边界水库取水出现了边界两省各自按照本省标准征收一半水量的局面，导致了一个取水户要向两个机关，按不同标准缴纳水资源费的不合理情形。由于目前还没有国家的法令标准，跨省界供水水库水资源费征收与分配问题，一直是跨省界水事纠纷的主要矛盾之一。①

（6）《取水许可和水资源费征收管理条例》第49条在实际操作中存在问题。《取水许可和水资源费征收管理条例》第49条规定：未取得取水申请批准文件擅自建设取水工程或者设施的，责令停止违法行为，限期补办有关手续；逾期不补办或者补办未被批准的，责令限期拆除或者封闭其取水工程或者设施；逾期不拆除或者不封闭其取水工程或者设施的，由县级以上地方人民政府水行政主管部门或者流域管理机构组织拆除或者封闭，所需费用由违法行为人承担，可以处5万元以下罚款。第49条存在以下主要问题：

---

① 刘强、李静希：《取水许可管理与水资源费征收问题及法律思考》，载《人民长江》2009年第7期。

一是遗漏违法责任人。《取水许可和水资源费征收管理条例》第49条规定应当承担违法责任的是，未取得取水申请批准文件擅自建设取水工程或者设施的行为人，而取得取水申请批准文件的责任应由取水意向人承担，取水意向人只有取得取水申请批准文件后才能开工建设取水工程或者设施。由此可以看出，本条规定的法律责任承担人是取水意向人，而不包括其他人。如此规定，忽略了一个非常重要的事实，那就是取水工程或者设施绝大部分不是取水意向人自行建设，而是要经专业队伍承揽建设。这样，擅自建设取水工程或者设施的违法行为就有两方面的责任人：一方是取水意向人，其未取得取水申请批准文件而委托建设承揽人建设取水工程或者设施；另一方就是取水工程或者设施建设承揽人，其在应知取水意向人未取得取水申请批准文件的情况下承揽取水工程或者设施建设。对于一个由两方面责任人共同完成的违法行为，《取水许可和水资源费征收管理条例》第49条只规定了取水意向人应承担的法律责任，而没有同时规定工程建设承揽人的法律责任，由此一来，水行政主管部门既不能查扣工程建设承揽人的违法作业工具也不能对其实施任何形式的行政处罚。工程建设承揽人没有违法风险，应当承担责任而不必承担责任，其产生的作用就是变相地鼓励，这样就在无形之中助长了取水工程或者设施建设承揽人的违法行为。

在对此类案件的执法实践中，一般是参照共同违法的有关规定进行执法：其一，对取水意向人定性为，明知违法而为擅自建设取水工程或者设施的行为。因为，取水意向人是办理取水申请的责任人，应当知道取水是要许可的，对自己是否取得取水申请批准文件是心知肚明的。其二，对建设承揽人则定性为，应知未取得取水申请批准文件而擅自违法建设取水工程或者设施的行为。因为作为专业从事取水工程建设的承揽人，对取水法律规定是应当知道的。因此，对取水意向人和取水工程或者设施建设承揽人，按共同违法区分轻重给予行政处罚。但如此处理，无明确的法律规定，实属勉强。这也是《取水许可和水资源费征收管理条例》第49条遗漏违法责任人所带来的不良影响。

二是补而无罚，缺乏刚性约束。《取水许可和水资源费征收管理条例》第49条第一个层次规定：未取得取水申请批准文件擅自建设取水工程或者设施的，责令停止违法行为，限期补办有关手续。这样，就明白无误地告诉行政执法人员和违法行为人，责令停止违法行为，限期补办有关手续是查处的必经阶段，行政执法人员的执法行为不可逾越这一程序，必须给违法行为人采取补救措施的机会；而违法行为人则可以从这一层次的规定中发现，只要按规定补办手续，就不用承担任何其他责任。因为这一阶段没有规定任何处罚措施，只有逾期不补办有关手续或者补办手续未被批准的才能采取其他相应的处罚措施。如此规定的本意是给违法行为人一个采取补救措施的机会，符合《行政处罚法》的有关规定，也是人性化执法的体现，但在这一阶段没有规定违法行为人所应承担的法律责任，致使违法成本太低，造成很多取水意向人先违法建设取水工程或者设施，如被查处再补办手续，因为这有一个不用承担风险就可以钻过去的法律空子。

三是令行不停，边违法边补办手续。立法者将水行政主管部门责令停止违法行为的实际效果估计过高，认为违法行为责令停止就能停止。可这只是一种理想状态，实际情况并非立法者所想象的那样，而是恰恰相反。在补办手续期间，凿井行为是很难停下来的，因为正在进行凿井作业的井孔，如果中止作业会造成井孔坍塌，给当事人造成很大的损失，这与行政执法理念不符。因此，对责令停止而不能停止的违法行为，执法人员只能是严令而宽行，甚至睁一只眼闭一只眼，在两难与无奈中边容忍其违法施工边为其补办手续。而当事人的取水行为一般都是刚性需求，补办手续批准的可能性很大，这就无形之中使违法行为人感到的不是法律规定的威慑，而是先违法后补办的有利可图，应承担责任而不承担责任也就是一种利益所在。如此，违法行为人以其不用付出任何代价的违法行为轻而易举地绑架和要挟了水行政主管部门，依法将水行政主管部门置于十分尴尬的境地。①

（7）《取水许可管理办法》第 7 条违反上位法。《取水许可管理办法》第 7 条规定：直接取用其他取水单位或者个人的退水或者排水的，应当依法办理取水许可申请。首先，《取水许可管理办法》第 7 条扩大了取水许可制度的适用范围。《取水许可管理办法》第 7 条规定中的"其他退水单位或者个人的退水或者排水"是不是水资源呢？在实践中，其他退水单位或者个人的退水或者排水通常是指自来水厂供水及污水处理厂、热电厂等企业的排水。上述供水或排水的形成，必须源于企业的取水行为，只有经过从江河、湖泊或地下等取用水资源的行为，并经过净化处理或使用，才能形成供水或排水；另外，无论是自来水厂供应的自来水，还是热电厂、污水处理厂等排放的废水，都是处于人工修建的运输或储存设施、渠道中的水。因此，供水或排水应当是产品水，而不是水资源。可见，《取水许可管理办法》第 7 条规定的实质是将取水许可制度的适用范围扩展到产品水的领域，扩大了《水法》所规定的取水许可制度的适用范围。

水资源转变为产品水，即产品水的形成，经过了水利工程公司或自来水公司等的取水、过滤、净化等一系列人类劳动，使附着于其上的权利形态和主体发生了根本变化。从民法上看，取水许可证赋予取水者一种民事权利——取水权。而取水者一旦取得取水权并通过其物化劳动将水资源转化为产品水后，需要对产品水再进行转让时，取水者只能转让产品水的所有权而不再是水资源的所有权或取水权了，产品水的使用人支付的水费应该是水资源的价值和物化劳动的价值的价格化。这里明显存在一个国家的水资源所有权转化为取水者的产品水所有权的过程，整个转化中最重要的行为是取水，其标志是取水者取得的取水许可证。可见，经过取水许可和取水者实施取水行为，水资源变成了产品

---

① 颜成利：《〈取水许可和水资源费征收管理条例〉第 49 条在实际操作中存在的问题及对策》，载《水利发展研究》2009 年第 7 期。

－45－

水，使水的法律属性发生了根本变化，这一变化导致针对特定水体而言，其水资源国家所有权转变为产品水的单位或个人所有权。如果水资源已经变为产品水，针对特定水体的水资源国家所有权转变为产品水所有权，则国家就不能再对不属于其所有权支配的事物的利用问题进行干预，否则就会造成国家公权力对私人权利的不当干涉。无论是自来水公司供应的自来水，还是污水处理厂和热电厂等排放的废水，其都是取水许可后权利人行使取水权的后果，都不再是水资源，而是产品水。因而国家不能再实施取水许可制度，否则会丧失权利基础。这也就能够很好地说明为什么《水法》第48条所规定的取水许可制度的适用范围被严格限定于江河、湖泊和地下水的范畴。如果对产品水的取用行为也要开展行政许可，则意味着任何人购买产品水的行为都要受到取水许可制度的制约，这会严重地制约社会经济发展的效率。

其次，《取水许可管理办法》无权突破《水法》的规定。《取水许可管理办法》作为水利部发布的部门规章，关于取水许可制度的适用范围，作出了超越《水法》的规定。根据《立法法》及《行政许可法》，这样规定是无效的。我国《立法法》第71条规定："国务院各部、委员会、中国人民银行、审计署和具有行政管理职能的直属机构，可以根据法律和国务院的行政法规、决定、命令，在本部门的权限范围内，制定规章。部门规章规定的事项应当属于执行法律或者国务院的行政法规、决定、命令的事项。"该条文的核心内容之一是明确部门规章的立法权限。部门规章在制定时，应当根据法律和国务院的行政法规、决定、命令制定；在规定的内容上，部门规章也仅能就执行法律或者国务院的行政法规、决定、命令的事项进行规定。可见，部门规章属于执行上位法规定的具体操作规范，只能将上位法的规定细致化和具体化，而不能进行扩大，《立法法》并没有赋予部门规章超越上位法的立法权限。

另外，我国《行政许可法》也对部门规章设定行政许可事项的权限做出了类似规定。该法第16条第3款、第4款规定：

"规章可以在上位法设定的行政许可事项范围内，对实施该行政许可作出具体规定。法规、规章对实施上位法设定的行政许可作出的具体规定，不得增设行政许可；对行政许可条件作出的具体规定，不得增设违反上位法的其他条件。"在行政许可事项方面，规章的权限也仅限于对上位法的规定作出更加具体、细致的规定，不得增设行政许可。因而根据《行政许可法》的规定，规章也不得超越上位法而扩大某一行政许可事项的适用范围。

可见，《取水许可管理办法》作为部门规章，无权超越《水法》的规定而扩大取水许可制度的适用范围。《取水许可管理办法》将取水许可制度适用于取用其他企业排水、退水等产品水的行为，超越了自身的立法权限，违反了《水法》、《立法法》和《行政许可法》，是不合法的。①

2. 完善取水许可制度的对策

要进一步加强取水许可管理法律法规建设。主要包括：一是统一取水许可审批模式。要进一步明确和细化《取水许可和水资源费征收管理条例》规定的取水许可审批管理权限，严格执行取水许可变更手续。二是制定跨流域调水水资源管理办法。三是修订《取水许可和水资源费征收管理条例》和《取水许可管理办法》的相关条款，维护国家法制统一。

（三）水资源有偿使用制度

1. 水资源费的性质

（1）水资源费本质上是水资源价格。尽管水资源是可再生的，但人类可利用的淡水资源十分有限，只占全球总水量的2.57%，因此，相对于人类不断增长的需求来讲，水资源是稀缺的。水资源的稀缺性，主要表现在水资源的供需矛盾上，随着工农业生产的发展，人类对水资源的需求越来越大，导致水资源的时空供给和人类利用的不匹配，出现供需矛盾，人类进而进一步

---

① 冯嘉：《取水许可制度适用范围辨析——对〈取水许可管理办法〉第七条的质疑》，载《资源科学》2013年第3期。

开发利用水资源，如此周而复始，形成一个螺旋式上升的过程。但某一区域的可利用水资源量最终是有限的，因此，水资源的稀缺是必然存在的。那么由水资源的稀缺性所决定的经济内容是：使用和耗费水资源必须支付一定的代价，以限制对水资源的需求和消费，节约和保护有限的水资源；要求以统一的社会经济标准合理地分配水资源，提高有限的水资源利用的社会经济效益；以一定的经济收入保护、恢复和增加水资源的供给。由水资源的稀缺性决定的这些经济内容，是以水资源价格来概括和反映的。原因在于：首先，水资源价格是获得和使用水资源所必须支付的代价，会对水资源需求和消费起限制作用；其次，水资源价格是消耗水资源的社会统一的费用标准，可发挥分配手段和调节杠杆的作用；最后，水资源价格是水资源所有者和支配者提供水资源的经济收入，所有者和支配者可以把经济收入用于水资源的开发和保护等，以保证和增加水资源的供给。由此可见，由水资源的稀缺性所决定的水资源费，本质上是水资源价格。

（2）水资源的所有权价格。《宪法》规定，水流等自然资源属于国家所有，禁止任何组织或者个人用任何手段侵占或者破坏自然资源。《水法》第3条明确规定，水资源属于国家所有，农业集体经济组织所有的水塘、水库中的水，属于集体所有。国家保护依法开发利用水资源的单位和个人的合法权益。因此，水资源所有权和使用权的过渡就成为有代价的资源权属转移，作为水资源的使用者向资源的所有者交纳的资源使用费其实是地租的一种表现形式。根据马克思的地租理论，地租就是为了租用土地而必须在一定期限内按契约规定支付给土地所有者的实物和货币额，包括绝对地租和级差地租。与土地类似，水资源地租也包括绝对地租和级差地租。土地的绝对地租是指土地所有者单凭土地所有权获得地租。相应地，单凭国家对水资源的所有权向水资源使用者所收取的费用，就是水资源的绝对地租。如果使用者使用资源，不向资源所有者交付任何费用，其结果等于资源所有者放弃所有权。不管水资源是如何丰富，水资源开发条件多么劣等，使用具有明确所有权的水资源都应该向所有者交纳一定的地租，即支付由绝对地租转化而来的水资源费，否则便意味着所有权的废除，即使不是法律上的废除，也是事实上的废除。土地的级差地租是指生产条件较好或中等土地所出现的超额利润。对于水资源而言，为了解决资源的稀缺问题，资源产品必须按劣等开发条件去定价，较好条件的企业即可得到超额利润，并以资源费的形式上交。由于水资源的时空分布极不均匀，产业结构相差很大，而且，水资源的态势、丰歉各不相同，这样，同量的资本投在不同的水资源上，所获得的收益是不同的，或者连续追加资本到同一水资源上，其生产率有差别，因此，产生水资源级差地租。

　　（3）水资源的价值价格。经过人类劳动的自然资源价值的确定，主要是根据马克思的劳动价值论。价值是人类无差别劳动的成果，商品的价值是由凝结在商品中的社会必要劳动时间决定的。水资源作为自然界的产物，似乎并不具有劳动价值，其实不然。事实上，人类在不断开发利用水资源的过程中逐渐使水资源刻上了劳动的烙印。随着资源短缺现象的日益严重，人们逐步认识到水资源与经济发展的重要性，为此，人们为了保护水资源、促进水资源的再生产，对水资源不断地增加劳动投入。人类参与开发利用和保护水资源已经凝结了人类的劳动，具有了劳动价值；其价值量的大小，就是其中包含的无差别的人类劳动的多少。对于水资源价值中的劳动价值，主要是指为了保证水资源的可持续利用，在水资源勘测、规划、评价、保护等方面所花费的人力、物力和财力。价格是价值的货币表现，包括成本及合理的利润。由此，水资源价值中包含着劳动价值，由劳动价值形成的价格可称为水资源价值价格。开发资源所花费的各项费用支出同样也应由水资源的使用者来承担。[①]

---

　　① 张利平、张伟、唐德善：《论水资源费的性质和构成》，载《水利水电快报》2003 年第 14 期。

2. 水资源费征收政策绩效评价

（1）政策导向性。自 20 世纪 80 年代开始的水资源费征收制度源于水资源短缺与社会急剧转型、经济高速发展的深层矛盾。实行水资源费征收制度以前，水资源长期处于多部门无序开发状态，过度开采、污染严重、地下水大范围超采为其典型表象，而长期以来无偿取水制度，加剧了水资源滥用。水资源费征收政策导向十分明晰，就是通过政府管制水资源来实现计划用水，促使节约用水和高效率用水。理论上，基于水资源的稀缺性和作为公共产品的属性，政府管制水资源可弥补市场失灵，控制水资源的开发利用程度。

1993 年以前的水政策明确表达了国家将水资源纳入行政和法制管理的意愿，虽然当时尚未形成统一系统有序和具体的管理制度，但水资源使用从无偿到有偿，宣告了无节制滥用水资源状态的结束。1993 年至 2006 年，国家水资源政策导向从重开源转移到重节流和保护的轨道，这与当时中国高速发展的经济对水资源的需求密切相关。合理用水、科学用水、法治用水、保护水源等理念被引进，成为政策导向的新内容。例如，这一时期，水利部与国家发改委颁布的《建设项目水资源论证管理办法》提出实行水资源论证制度，以此作为审批取水许可的依据，大大提高了审批取水许可的科学性。2002 年水法明确规定了相应的法律责任，为水行政主管部门严格执法提供了有力保障。2006 年以后，在构建服务型政府的行政改革背景下，我国水资源制度更为具体化和明细化，更加强调水资源分配的经济手段，取之于水、用之于水的理念被进一步强化。总体上，各个时期的水资源政策导向虽有侧重点，但总体方向是一致的，即不断强化计划用水导向，并将政策导向不断具体化和理性化。从实际效果来看，虽然政策导向与实际工作存在矛盾，但导向作用和功能基本上得以实现。

（2）政策充足性。政策充足性是指政策实施结果完成目标的程度，或者说，政策各阶段目标实现程度。水资源费征收制度体现了国家收益权，为水资源管理、节水工作的开展提供了资金保障；同时，国家通过制定不同的征收标准达到促进产业结构调整的目的，实现水资源的优化配置和合理利用，并且以经济杠杆强化全社会的节水意识，促进节约用水。在政策实施的三个阶段中，基于当时发展背景、认知水平等原因，每个阶段达成目标的程度不一样。1988 年水法颁布至 1993 年 5 年间，征收水资源费工作开展较快，但国务院尚未出台全国范围的水资源费征收管理法规，地方政策各自为政，水资源管理基本处于无序状态。2002年水法颁布，取水许可制度明确规定了全面实行水资源论证作为审批取水的依据，政策的效应得以迅速发挥。截至 2004 年底，全国共发放取水许可证 65 万套，审批水量 4505 亿 m^3，约占全国年用水总量的 81%。年度审验取水许可证 38 万套，占发证数的 58%；审验水量 3123 亿 m^3，占审批水量的近 70%。至 2002年，全国已有 28 个省份出台了水资源费征收管理办法，有效维护了水资源的国有产权，促进了资源合理配置和节约用水，并为建立全国统一的水资源费征收管理办法奠定了基础。当然，如果以全国用水总量以及可节水的潜力比较，政策目标实现程度只能称之为初见成效。

（3）政策公平性。公共政策作为社会资源分配的重要手段，其影响力不言而喻，然而由于其本身具有偏好性，是多方利益博弈的结果，反映强势群体的利益与代价分布呈现出严重的不对称性，且政府本身作为利益一方又是公共政策最主要的制定主体，其价值标准在某种程度上决定了公共政策的价值取向，但未必反映民众的意愿，政府的目标也未必是社会目标。所谓政策公平性可视为政策成本和收益在不同利益主体的分配是否等值。我国水资源属于国家所有，各级水行政主管部门代表国家行使所有权管理。水资源费征收的强制性、固定性与税收相似，但实质上属于资源性的行政性收费，其经济内涵主要包括有偿使用和使用补偿两部分，使用补偿又可分为水量补偿和水质补偿。水资源费一般按量计征收，由水行政主管部门根据水资源状况、本地产业结构、用水水平和社会承受能力等情况确定价格。通常不同行业、不同地区的征收标准应当有所区别，但正因为如此，政策在执行过程中难免走样，存在不公平的现象。例如，一些地方政府从本身利益出发，随意减免自来水公司、三资企业以及私营企业的水资源费，许多地区把免征水资源费作为招商引资的优惠政策。同时，政策本身也存在不公平的规制。例如，依法取得取水权的单位和个人都应当依法缴纳水资源费，但中央直属水电火电用水免征水资源费的规定与法规相矛盾。另外，水法中的一些条款明显不公平，按照《取水许可和水资源费征收管理条例》规定，水资源费由取水口所在地征收使用。有些跨界的水利工程大坝及取水口在某省，而水库在另一省（如三峡工程），全部由取水口所在地征收、使用水资源费有失公平。同样，对于跨行政区域的调水（如南水北调），条例规定由调入区征收使用水资源费。调出区不仅调走了水量造成了经济损失，还减少了环境容量，却没有体现对水权的拥有，甚至没有得到相应的补偿。不过，从趋势上看，政策公平程度在不断改善，例如，《取水许可和水资源费征收管理条例》规定的听证内容，增强了审批的公开性和透明度，确保了目标群体表达自己意愿的途径，体现政策制定程序的公平性。

（4）政策回应性。执行机构、目标群体、环境因素是政策执行过程所涉及的重大因素。政策运行结果是否符合特别集团需要，与民意的一致性构成政策回应性的标准。基于政府理性经济人特征，政府的价值标准不一定反映民众的意愿，政府目标也未必是社会目标。因此，要衡量公共政策是否满足了目标群体的利益，最有效的途径就是引入目标群体满意度，通过对民意的测评，直接有效地反映出政策执行的效果。21世纪以来，有关水费政策的民意调查增多。民用水涉及民生，价格十分敏感，但不论结果如何，导入满意度调查有效增加了政策回应性，更容易凝聚社会共识。

（5）政策效率性。政策的效率性是指为得到有价值的结果付出了多大的代价，衡量的指标包括政策成本、政策收益、成本收益率等。一般来说，由于公共政策的复杂性，要系统取得政策成本和收益十分困难，尤其对一项全国性兼具多元目标的政策，成本收益往往难以被清晰界定，获取具体信息甚至没有可操作性。截至目前，全国所有省份都颁布了水资源费征收办法和标准。2004 年度共征收水资源费 33.2 亿元，其中工业用水 16.8 亿元，生活用水 11.3 亿元，水力发电 2.6 亿元，火力发电 2.4 亿元，农业用水 0.1 亿元，相对来说收费甚微，但初见成效。另外，全国每年征收的水资源费中，约有 13% 用于补助节水改造，全国工业和城市生活用水、取水计量装置率已达到 85% 以上。在促进水源涵养和资源合理配置方面，以山东烟台为例，过去无偿取用地下水的用量占全市总用水量的 70% 以上，造成海水入侵等生态环境问题，并有大量的水库弃水入海，征收水资源费使烟台地下水取用量占总用水的比例下降到 30%。据初步调查，全国每年征收的水资源费约有 56% 用于调水补源，以保障区域供水安全。[①]

3. 水资源费征收制度存在的主要问题

（1）水资源费实际征收主体过多。《水资源费征收使用管理办法》规定，水资源费由县级以上的地方水行政主管部门按照取水审批权限负责征收。其中，由流域管理机构审批取水的，水资源费由取水口所在地省、自治区、直辖市水行政主管部门代为征收。这对各级水行政主管部门征收水资源费提供了依据，但是各种法律法规的生命在于执行。水资源规章制度制定得再好，如果只停留在文本上，也不会有实际意义，我国水资源费征收管理体制的一个重要缺陷就是政策执行力不足。

目前，由于各省可以单独制定水资源费征收管理政策，虽然国家对水资源费的征收主体做了明确规定，但由于统一水资源费

---

① 郑方辉、毕紫薇、孟凡颖：《取水许可与水资源费征收政策执行绩效评价》，载《华南农业大学学报》（社会科学版）2010 年第 1 期。

征收主体会损害一些地方部门的既得利益，势必会增加改革的阻力。目前，各省、直辖市、自治区的水资源费的征收机关过多的局面尚未得到根本改变，很多省份水资源费由水行政主管部门、城建部门、供水公司等多头征收现仍然存在。同时，按照《取水许可和水资源费征收管理条例》第 14 条规定的取水许可审批权限，在一个县域内可能出现流域管理机构、省、市、县水行政主管部门 4 个合法征收水资源费的主体，各水资源费征收管理主体虽然各负其责，但如果不做很好的横向沟通，容易造成水资源费征收管理上的差异。此外，流域管理机构和省水行政主管部门负责征收的水资源费的取水单位分布在全省各地，由于相对距离较远，管理手段所限，需要投入一定的人力资金等对取水单位的取水量进行核实、收费等管理，从而增加了水资源费征收的管理成本。

（2）水资源费征收标准差异较大且普遍较低。2002 年水法没有直接规定水资源费的征收标准而是明确征收管理水资源费的具体办法由国务院规定。《取水许可和水资源费征收管理条例》中规定，水资源费征收标准由省、自治区、直辖市人民政府价格主管部门会同同级财政部门、水行政主管部门制定，报本级人民政府批准并报国务院价格主管部门、财政部门和水行政主管部门备案。因此，当前各地关于水资源费征收的直接执行依据，基本上是地方政府规章。在确认征收标准方面，不可避免地带有地方政府规章的局限性。一是征收标准的规范方式不统一。从各省、自治区、直辖市制定的水资源规章来看，其规范方式有直接和间接、简单和复杂、具体和抽象的区别。直接规定型的地方政府规章，一般直接具体规定水资源费的征收标准，如《湖北省水资源费征收管理办法》，语言简洁明了，适用方便。河北、新疆等水资源短缺地区则针对本省、区内水资源分布不均的情况，对不同地区规定不同的水资源费，如规定水资源短缺地区的征收标准高于水资源丰沛地区，经济相对发达地区的征收标准高于经济欠发达地区，洗浴等特殊行业取用水的征收标准高于商业、服务业取用水。

二是水资源费征收标准普遍偏低。目前，水资源费征收标准的形成机制还不合理，部分地区水资源费征收标准过低甚至有些地区只是象征性地征收。大部分省份水资源费标准在 0.20 元立方米以下，大部分省份水资源费平均征收标准占综合水价的比例不超过 5%。水资源费征收标准偏低带来的后果主要有：水资源难以实现优化配置，供求失衡造成水资源浪费和节水工作缺乏动力；偏低的水资源费难以达到促进节约保护水资源的作用；偏低的水资源费导致水价偏低，增加了地方财务负担。所以，水资源费征收标准偏低是当前影响和阻碍水资源费征收制度实施效果的重要问题，若解决不好必将削弱水资源费征收管理的动力，难以实现水资源费制度的实施目标。

三是具体征收标准差距较大。《取水许可和水资源费征收管理条例》规定，水资源费征收标准由省、自治区、直辖市人民政府价格主管部门会同同级财政部门、水行政主管部门制定，报本级人民政府批准，并报国务院价格主管部门、财政部门和水行政主管部门备案；由国务院水行政主管部门或其授权的专门机构征收水资源费的，其征收标准按取水口所在地的标准执行。按此规定，大江大河流经几个省区就有几种不同的水资源费征收标准，这就导致邻省同一取水工程水资源费征收标准不同的现象。以相邻的湖南省和湖北省为例，湖南省地表水中用于工业取水和生活取水的收费标准分别为 0.03 元/立方米和 0.025 元/立方米，而湖北省相应的收费标准分别为 0.10 元/立方米和 0.05 元/立方米。后者明显高于前者。

四是水资源费征收标准比较简单。我国现行的水资源费征收标准基本上都是单一、静态的，通常只是对工业、农业和生活用水等按水源类型的不同来收取，按每立方米收取一定的不变金额，而没有考虑到不同季节、不同地区和不同水质的影响。现行办法没有科学地充分地考虑水资源的根本特性，存在较大的不合理性，不利于保护水资源，没有很好地兼顾水资源的使用效率及公平原则。因此，提高水资源费的征收标准，将静态水资源费征收管理转向动态征收管理，充分发挥水资源费的经济杠杆作用，对于优化配置水资源，缓解用水矛盾等具有重要的现实意义。

（3）水资源费实际征收率低。水资源费实际征收情况并不理想，大部分省份的征收率都在70%以下，其主要原因：一是部分用水单位缴费意识不强。在经济落后地区尤为明显，一些单位虽然承诺缴纳水资源费，但经常打白条，能拖就拖，能够自觉缴纳水资源费的单位很少。二是存在一些地方政府干预。三是法规之间相互抵触或不协调。一些地方出台与水资源费征收管理法规政策相抵触的规定和办法，使得水利部门左右为难。四是水行政主管部门征收力度不够，对拒交、欠交水资源费的单位没有依法采取强制征收措施。五是部分省份计量设施安装率低，不能及时准确地反映各取水户的实际取水量。

（4）水资源费的使用管理还不规范。从各地有关水资源费的征收管理办法来看，目前各地收取的水资源费一般都规定上缴地方同级财政，实行财政专户储存，专款专用。各级水行政主管部门按照规定的使用范围编制年度用款计划，由同级财政审核批准并拨款安排使用。同时，各省份水资源费管理办法中均规定了在本辖区内分级分成管理，各地上缴比例不同。由县级水行政主管部门征收的水资源费大多上缴省级和地级财政各10%～20%，最多上缴省级财政达60%。由地级水行政主管部门征收的水资源费大多上缴省级财政20%～30%，最多上交省级财政60%。不难看出，我国省级以下水资源费分成比例的确定随意性比较大，分成比例并没有充分考虑地方水资源状况、水资源管理水平等具体情况，导致地方水资源管理经费短缺。

（5）有些法规条款操作性差。水资源具有流动性、循环性、用途广泛性等特征，取用水的方式也千差万别。现行的水资源费征收制度对取用水的一些特殊情形没有明确规定，给具体操作带来了困扰甚至造成了不合理的局面。首先，一些水利枢纽以多种形式利用水资源，比如利用发电退水进行灌溉。在这种情形下整个枢纽的取水量是一定的，但水资源被同一用户使用了多次，水资源费如何征收没有明确。其次，一个工程取用另一个工程的退水，取水许可与水资源费征收如何管理也没有明确。再次，边界取水工程水资源费征收仍存在争议。《取水许可和水资源费征收管理条例》规定，流域机构审批的取水由取水口所在地省级水行政主管部门代为征收，征收标准为取水口所在地的征收标准，而有些流域机构审批的取水是无法判断取水口属于哪个省的，比如省际边界河流上的水库、以水库大坝中轴线为界的水库、省际边界河流上的水电工程等取水口跨界的取水。最后，由代征引发的流域机构在水资源费的征收工作中应承担什么样的职责等问题也未明确，导致了流域管理削弱地方各级水行政主管部门争收水资源费的局面。[①]

4. 水资源费征收制度的完善对策

（1）逐步提高水资源征缴标准。水资源费政策是节约保护水资源的经济手段，针对我国水资源十分紧缺的现实情况，现行的水资源费标准已无法适应，其经济调控作用更是难以有效发挥。《国务院批转发展改革委关于2012年深化经济体制改革工作的意见的通知》明确提出，要积极推进水价改革，逐步提高水利工程供非农业用水价格，完善水资源费征收管理体制；2011年《中共中央、国务院关于加快水利改革发展的决定》强调：完善水资源有偿使用制度，合理调整水资源费征收标准；2012年《国务院关于实行最严格水资源管理制度的意见》再次强调，合理调整水资源费征收标准，扩大征收范围，严格水资源费征收使用和管理。因此，提高水资源费征收标准，符合国家资源管理政策方向。具体而言，应针对水资源区域分布和流域构成的不同特点，运用科学分析方法，对不同区域、不同流域分布的水资源价值进行分别评价，为不同地区、不同流域确定水资源费征收标

[①]　《水资源税（费）政策研究》课题组：《中国水资源费政策的现状问题分析与对策建议》，载《财政研究》2010年第12期。

准奠定基础，并以水资源价值为基础，结合目前全国各地水资源征收标准普遍较低的现实情况，逐步合理地提高各地的水资源费征收标准。

（2）积极探索和尝试创立水资源费征缴标准动态调整机制。为提高水资源费征纳标准的科学性、合理性，进一步完善我国水资源费征缴制度，应根据各种现实形势的变化，尽快探索建立水资源费征缴标准的动态调整机制。一是因势调整。多种因素共同作用和影响着水资源的价值，不仅有水资源自然的因素，还有经济和社会等方面的因素。水资源自然因素主要有水资源的丰歉、水质的优劣、水资源可被利用的程度、水环境污染的轻重等；经济方面主要包括国民生产总值、产业结构、规模、用水效率等；经济影响因素包含国民经济规模的大小及其增长速度的快慢、产业结构合理与否、节约用水和水资源使用效应的高低等；社会影响因素涵盖人口的规模与结构、历史的传承、文化背景的变迁等。这些影响因素的变化，必将导致以水资源价值为依据制定的水资源费征收标准的调整。为此，可以根据影响水资源价值因素的变动情况，针对目前一些地方水资源费征缴标准较长时期未进行调整，而一些地方水资源费征缴标准近期调整太过频繁的不合理现象，规定水资源费征缴标准进行调整的一般频率，比如每隔3年左右进行一次调整等。二是因时调整。我国水资源年际的差异很突出，因降水量年际变化大，水资源的时间分布亦极不均匀，时而为丰水年，时而为枯水年。至于水资源季节分配也很不均匀，夏秋多冬春少。因此，不仅要对不同的年际制定不同的水资源费征纳标准，还要对不同的季节确定不同的水资源费征纳标准。就水资源的年际差异而言，枯水年的征纳标准一定要高于丰水年的征纳标准；就汛期和非汛期来看，汛期内取水执行较低水资源费征纳标准，非汛期取水采用较高水资源费征纳标准，并可以借鉴我国现行的峰谷电价的实施措施，根据降水量季节变化具体情况来确定水资源费征缴标准的季节摆动幅度。三是因量调整。为节约使用水资源，鼓励各地不超过正常的定额标准范围，水资源费应实行计量征收和超计划、超定额累进加价制度，对超出基数部分征收阶梯式水资源费征收标准。阶梯式的水资源费征收标准，就是将水资源费征收标准分为不同的阶梯，在不同的使用水量定额范围内执行不同的水资源费征收标准。超计划、超定额取水量的征收标准要高于计划内取水。用水量未超过基本定额的，执行基准水资源费征收标准；用水量超过基本定额，其超出的部分执行高于基准水资源费征收标准的标准。要制定合理科学的阶梯式水资源费征收标准，合理的阶梯定额是基础，完备的计量设施是关键，规范的法规制度是重要保障。①

（3）拓展水资源费征收范围。根据《水法》第 48 条规定，实施取水许可制度的对象即为征收水资源费的范围。《取水许可和水资源费征收管理条例》也明确规定，除第 4 条规定的情形外，都应依法缴纳水资源费。在取水范围界定方面，《取水许可和水资源费征收管理条例》将取水定义为取用水资源，使取水适用范围有了明显突破，很大程度上拓展了取水许可范围。这不仅包含取水自用的用水户，也包含取水为他人供水的取水户。就取用地表水而言，既包含河道外取用水，也包含河道内取用水。虽然河道内取用水一般不消耗水量，但可能会改变河川径流的时空分配，或者可能引起水质水温的变化，或者消耗水能等，影响其他用水户对河川径流的利用或者改变河道水资源的自然属性。因此，从实行最严格的水资源管理制度角度看，必须纳入取水许可管理和征收水资源费的范畴。贯流式火电厂发电取水量较大，但其冷却用水自身消耗水量并不多，并且产生了下游地区的热污染，对河湖水环境、水生态构成了一定影响，《取水许可和水资源费征收管理条例》明确规定按其发电量依法征收水资源费。水电站是一种典型的河道内取用水工程，虽然其发电几乎不消耗水量，但对河流水量的沿程分配和水资源的配置产生了影响，必

---

① 王敏：《中国水资源费征收标准现状问题分析与对策建议》，载《中央财经大学学报》2012 年第 11 期。

须纳入取水许可和征收水资源费的范围。当然有些河道内取用水项目目前尚难以实施取水许可，如围网养殖、船闸运行、水上运输、水上旅游、水上娱乐等，几乎不消耗水量，实质是一种取用水行为，应当成为今后取水许可和水资源费征收扩展的空间。

此外，还要开征从水库取用水的水资源费。关于水库等水资源调蓄工程的取水许可和水资源费征收问题，全国各地的理解不太一致，在管理和征收实践中的做法也不尽相同。《水法》第48条关于江河湖泊的表述，是用传统习惯方式来描述水资源的载体，并没有排除工程拦蓄的水域（如水库）可以作为水资源的载体。在水资源学上，一般意义上的湖泊是指天然的洼地，有时也被称为天然水库；水库是由坝的形成而拦蓄的人工湖泊，是河道的一部分，只不过因其建在河道中上游，人为地提高了该段河道的水资源承载量，但并没有改变其河道的属性。因此，对于从水库取用水的具体单位或者个人，应当实施取水许可，并按照"谁审批，谁收费"的原则，直接向取用水单位发放取水许可证，既可以有效地防止水管单位对取水权的垄断，便于水资源费的征收管理，又有利于对其实施节水管理。从水库取用水的，既要按照水法律法规规定缴纳水资源费，又要交水利工程水费，只是水资源费的缴纳方式有所不同，有的是将水资源费计入水费成本，水库管理单位向取用水单位或者个人收取的水费中包含了水资源费，由水库管理单位向水行政主管部门缴纳水资源费；有的是未将水资源费计入水费成本，由取用水单位或者个人直接向水行政主管部门缴纳。[①]

（四）地下水保护制度

1. 我国地下水资源利用的三种形态

地下水资源相对于其他的可利用水资源有许多的优点。从水质方面来说，地下水资源所处的位置使其水质一般较好，水温稳

---

① 陈红卫：《关于水资源费征收若干问题的思考》，载《人民长江》2012年第10期。

定。从利用价值来说，利用地下水资源的供水工程投资少、见效快，而且一些含有特殊矿物成分的地下水还具有很好的医疗性能。因此，在很早以前地下水资源就作为一种重要的水资源被广泛利用。一般来说，地下水资源有三种利用形态：一是粗放型；二是开发型；三是管理型。

（1）粗放型利用模式。地下水资源的开发利用在我国有悠久的历史，中国古代就有掘井而饮以及凿井以灌田的记载。一直到近代，我国地下水资源的利用一直遵循着需要多少采多少的模式。这种模式的主要特征是由于当时生产力不很发达，人们主要依靠传统的器械和人力开采地下水资源用于供应农业需要，而对于地下水资源的补给和综合治理，不但欠缺意识更欠缺必要的手段。由于长期以来生产力不是很发达，加之地表水资源可以满足大部分的农业和生活用水需要，因此，这个阶段的开采量从总体上来说不是很大。虽然地下水资源的超采在一些干旱的年份和地区，对于农业生产生活造成了一定的影响，但因此而产生的各种次生环境问题还没有对生产生活造成很严重的影响。政府有关地下水资源利用的相关法律更是很少涉及。到西方工业文明大规模传入中国之前，粗放型利用模式一直是我国地下水资源利用的主要模式。

（2）开发型利用模式。在西方工业文明大规模传入中国之后，伴随着工业生产对于用水的需求日益增大和由此产生的地表水资源的污染问题日益严重，中国地下水资源的利用逐渐走入开发型利用模式。这种模式在我国特殊国情之下，即人均资源相对短缺、经济发展迅速的状况之下尤为突出。其主要特点：一是对地下水资源的重视不足。在行政管理层面上，政府没有从思想上把地下水资源的利用作为水资源治理的重点之一。新中国成立以来，水资源的治理工作一直是以大江大河为代表的地表水的治理为中心，对于地下水资源的保护工作则比较薄弱。对于地下水资源的利用，尤其是过量开采地区主要是以进行技术层面上的检测为主，没有形成一套行之有效的解决问题的体系和方案。从公众层面看，由于公众没有形成地下水资源科学利用、严格管理的观念，导致水资源的浪费情况严重。二是以需定供模式。这种模式是新中国成立以来地下水资源利用的主要模式，它不以地下水资源的承载力、供水方的变化因素为基本考虑内容，而单纯的以经济效益为中心，以实现其最优为目标。这种模式导致了新中国成立以来地下水资源的过量开发和社会性的水资源浪费。三是地下水资源的经费投入严重不足、技术支撑力量薄弱。长期以来，地下水的污染防治被划归到公益范畴，属于非营利性质，主要靠财政支持。但长期以来，财政投入严重不足带来的问题是滞后的科学研究和数量不多的治理工程。开发型利用模式在当代中国仍广泛适用，在一定意义上说，当今中国地下水资源利用过程中出现的种种问题与此种模式在我国长期实行有着不可分割的关系。

（3）管理型利用模式。地下水资源的管理型利用模式在现代社会才开始实施，但其思想的形成却经历了一个长期的过程。中国古代的荀子就曾经提出"天有其时，地有其财。人有其治，夫是之谓能参。舍其所以参，而愿其所参，则惑矣"，主张人通过努力使自然万物为人使用。而想得到天时和财物之用，就必须努力地获取利用自然资源的能力。人与自然关系的思想历经中国古代的天人合一、西方中世纪的神学自然观以及近代的人与自然的对立思想，发展到现代社会，由于人地关系的日益紧张，逐渐损害到了人类本身的生存和繁荣，各种环保思想和自然资源的利用模式才逐渐产生。在此期间，人口与环境承受力、文明与资源有限性的矛盾日益尖锐。生态学经过几代人的不断完善已经介入社会科学的研究范畴之中，成为连接自然与人文科学的理论桥梁，最终，生态学的基本理论成为可持续发展战略的理论基础之一。人们越来越注意到在开发利用中坚持人与自然和谐的重要性。在用水的问题上，生态用水被人们提到了重要的地位，其对于防止地下水枯竭的重要意义成了研究的重要方面之一。在做出诸多努力，特别是在充分认识到传统发展观是一种耗竭性的经济发展模式并为此付出了巨大的代价之后，可持续发展理念出现并迅速成为指导环境资源利用的主要原则之一。从本质上说，可持续发展理念是一种生活方式的转变，是消费方式乃至思维方式的变化。地下水资源的可持续开发，不仅仅要求地下水水质的不断改善、地下水资源数量的不断回升，更要求人类生存质量的逐步提高。几十年前，美国道格拉斯大法官探讨过自然资源的诉讼资格问题，他曾经感慨在大自然诸多美学的奇迹即将成为人类都市最后的碎片之前，人们有责任以利益代理人的身份维护自然的权利。几十年后，当人们再次审视经济发展、社会进步与地下水资源的关系的时候，才重新确立了地下水资源的管理型利用模式的定义，即转变管理与被管理的传统逻辑，以地下水资源管理者的身份来处理相关的问题，改革以需定供的传统模式，提倡资源的科学管理。相对于开发型利用模式，地下水资源的管理型利用模式的主要内涵是：第一，从人类向地下水资源无节制的索取转变为人类需求与地下水补给相协调，实现社会的可持续发展；第二，从防止地下水对人类的侵害转变为在防止水对人类侵害的同时，特别注意防止人类对地下水的侵害，即建立地下水资源的取水许可证制度和评价制度；第三，从重点对地下水水资源进行开发、利用、治理转变为在对水资源开发利用治理的同时，特别强调水资源的配置、节约、保护；第四，从对水的整个利用过程的多家管理，转变为对地下水资源的统一配置、统一调度、统一管理。①

2. 地下水开发利用存在的主要问题

（1）采补失调、地下水资源衰减。据有关统计资料，全国有24个省、自治区、直辖市存在地下水超采问题。河北省超采面积最大，达66973km²，占该省平原区面积的91.6%；超采区面积超过10000km²的还有甘肃、河南、山西、山东四省。全国240个大型、特大型地下水源地中，有53个处于超采状态，年

---

① 夏少敏、常昊：《地下水资源管理型利用模式探析》，载《重庆科技学院学报》（社会科学版）2011年第14期。

平均超采地下水 6.42 亿 m^3。20 世纪 90 年代以来，地下水超采量呈持续上升趋势。地下水大规模开发采补失调，导致地下水位持续下降，使地下水位埋深超过接受垂向补给的最佳埋深，相应导致补给量的减少，使地下水资源日益枯竭。我国华北地区已成为世界上最大的降落漏斗群，部分地区含水层几近疏干，地下水资源衰减，导致大量机井报废，造成农田灌溉和农村人畜饮水困难。尤其是一些地方无序开采深层承压水，如不加以严格控制与管理，将存在着承压水濒临枯竭的危险。

（2）地下水污染威胁城乡供水安全。由于工业废水和生活污水排放量的增加，以及受农业大量使用农药化肥的影响，我国地下水环境受到污染。根据中国地质环境监测院资料，全国 195 座城市监测结果表明，97% 的城市地下水受到不同程度污染，40% 的城市地下水污染趋势加重；北方 17 个省会城市中 16 个污染趋势加重，南方 14 个省会城市中 3 个污染趋势加重。目前，我国地下水污染严重的地区主要分布在城镇周围、排污河道两侧、地表污染水体分布区及引污农灌区等，地下水污染呈现由点到面、由浅到深、由城市到农村的扩展趋势。地下水的污染，直接威胁城乡供水安全。地下水污染与超采互相影响，形成恶性循环。水污染造成的水质性缺水，进一步加剧了对地下水的超采，使地下水漏斗面积不断扩大，地下水水位大幅度下降；地下水位的下降又改变了原有的地下水动力条件，引起地面污水向地下水的倒灌，浅层污水不断向深层流动，地下水水污染向更深层发展，地下水污染的程度不断加重。日益严峻的地下水环境问题，已成为社会经济与生态环境可持续发展的制约因素。

（3）地下水超采引发生态和环境地质问题。地下水超采的实质是破坏了地下水及其赋存介质天然状态下固有的生成—赋存—运动之间的平衡关系，使原有补排平衡关系失调，随之对生态及环境产生了一系列影响。

一是土地沙化。在内陆干旱区，人工生态林、下游荒漠河岸林及灌丛是绿洲生态环境安全的屏障。这些植被的生长对土壤水分状况和地下水位的变化反映敏感。有研究资料表明,内陆干旱区沙枣生长的最佳地下水位埋深为 3m,梭梭为 3～5m,柽柳为 5m,白刺、沙拐枣为 4m,当地下水位埋深超过最佳地下水位埋深后,土壤水分便会下降,植被根系因吸收不到水分而逐渐衰败,甚至死亡,进而导致土地沙化。如甘肃石羊河流域,由于中上游区大量拦截河川径流、开垦灌溉,使进入下游民勤地区的河川径流量锐减,当地为了维持生活和生产,过量开采地下水,使地下水位大幅度持续下降,导致土地严重沙化、土地弃耕,使之出现了大量生态难民。类似的问题在新疆塔里木河流域、甘肃黑河流域都不同程度地出现过,严重影响当地社会经济的可持续发展和生态安全。

二是海水入侵。海水入侵是海岸地区地下淡水超量开采而造成的海水向陆地流动的现象。据初步统计,我国发生海水入侵的面积已超过了 1500km²,主要分布在辽宁省的渤海和黄海沿岸、山东省胶东半岛、河北省的秦皇岛市和广西北海市等地的沿海地区。辽宁渤海地区海水入侵面积达 700km² 以上,山东胶东半岛地区海水入侵面积达 600km² 以上。海水入侵的直接后果是地下淡水的矿化度和氯离子浓度增高,水质变差,从而失去了原有的利用价值。因此,海水入侵不仅减少了地下水的可供水量,加剧了水资源供需矛盾,而且也对饮水安全和生态安全造成了极大危害。

三是地面沉降。地面沉降是由于开采深层承压地下水,降低了开采含水层的水头压力,从而导致黏土质隔水层及含水层中黏土质透镜体被压缩,引起地面区域性下沉的现象。由于过量开采深层承压水,全国沿海河口的三角洲地区、华北和东北平原地区、河谷平原和山间盆地均发生了地面沉降;有 40 多座城市发生了地面沉降,其中沉降中心累计最大沉降量超过 2m 的有上海、天津、西安、太原,天津塘沽个别点最大沉降量已达 3.1m。地面沉降使原有地面高程下降,降低了防洪标准,加大了洪涝灾害的威胁;同时也使建筑物基础下沉,公路桥梁开裂,地下管道断裂等，严重影响社会的安全和稳定。

四是泉水断流。地下水超量开采使地下水位连续大幅度下降，导致泉水流量衰减甚至断流。如位于甘肃河西走廊东部的石羊河流域，从 20 世纪 60 年代开始，中游平原区在大规模开发利用地表水的同时，也在泉水灌区内打井取水，以弥补灌溉水源的不足。受地下水补给量减少及开采量增加双重效应的影响，区域地下水位大幅度下降，进而导致冲洪积扇群带前缘及与之毗邻细土平原的泉水资源量逐年衰减，其中以武威盆地最为明显，20 世纪 50 年代的 291 条泉沟到 20 世纪 90 年代就有 230 条干涸，泉水溢出带下移 2~3m，泉水资源量从 1969 年的 3.92 亿 m^3 减少到 1999 年的 1.04 亿 m^3。除此之外，一些名泉，如济南的趵突泉、太原晋祠泉、敦煌的月牙泉，由于地下水位大幅度下降，泉水溢出量减少甚至断流，使名泉失去了昔日的美景。

（4）缺乏统一规划和管理地下水无序开采。水资源是一个统一的自然系统，同属于流域（或区域）水文循环中的地表水和地下水却属于不同的部门管理，导致水源缺乏统一规划和有效监管，由此产生了一些地区、流域的水资源配置不合理现象。如在大型灌区，灌区只有权经营地表水，而灌区内的地下水却由各行政区的水行政主管部门管理，使灌区地表水与地下水的联合利用很难实现；有些地方尤其是农灌打井的许可制度还很不完善，导致地下水资源无序开发甚至超量开采；另外，由于井灌成本低、供水及时方便、水质好，能适应农村经济作物适时适量的灌溉要求，受经济利益驱动，农民变渠灌为井灌，盲目打井，随意开采，导致地下水无序开发。[①]

3. 我国地下水管理工作现状分析

通过新中国成立后 60 多年的不懈努力，我国在地下水管理制度方面初步形成了以《水法》、《水污染防治法》、《环境保护法》等法律为基础，以《取水许可和水资源费征收管理条例》、

① 魏晓妹：《地下水资源管理与保护》，载《地下水》2013 年第 2 期。

《水污染防治法实施细则》、《建设项目水资源论证管理办法》等
法规和部门规章为补充，以《地下水质量标准》、《饮用水水源
保护区划分技术规范》、《地下水超采区评价导则》等技术规范
为指导，并辅以其他相关的地方性法规、地方政府规章及规范性
文件的法律法规与技术标准体系。但必须看到，我国地下水管理
工作面临着可持续开发利用、饮水安全、粮食安全、生态环境保
护等多重挑战，与当前落实最严格水资源管理制度的总体要求存
在一定的差距。因此，今后一段时期地下水管理保护的制度化、
规范化建设任务仍然十分艰巨。我国当前的地下水管理中的缺陷
主要表现在以下方面：

（1）地下水立法和制度建设工作起步较晚，一些方面还存
在制度空白。地下水与地表水既有共性，又在赋存、运移和更新
方面有其独特的属性，因而要针对地下水的特点实施管理和保
护。水法仅对水资源管理作出原则规定，对地下水管理和保护还
没有专门的法律或法规来规范。我国的地下水保护立法工作进度
缓慢，可用于指导地下水管理实践的法规较少。自 20 世纪 90 年
代初期开始，中央颁布了一些涉及地下水管理保护方面的法规规
章，但一直未针对地下水管理进行单独立法。在地方层面，有些
省、自治区、直辖市开展了地下水立法工作的探索，如辽宁省出
台了《辽宁省地下水资源保护条例》，新疆颁布了《新疆维吾尔
自治区地下水资源管理条例》等，但大部分省份没有专门的地
下水法规。从管理权限来看，水利部门在 1998 年机构改革后才
承担较完整的地下水管理职能，这也导致许多地下水保护政策难
以有效落实。目前，在取水工程建设管理、地面沉降区地下水保
护、海水入侵控制、地下水水源保护区划分与管理等方面，还存
在管理制度上的空白。对于矿山开采、地源热泵等建设项目取用
地下水的管理，远远滞后于管理工作的实际需求。《国务院关于
实行最严格水资源管理制度的意见》强调，要明确地下水水位
及开采量之间的相互关系，加强地下水取用水总量控制和水位控
制，这是地下水管理保护工作的特色所在。地下水总量控制和水

位控制制度在我国现有的法律法规中还没有具体的规定。因此，要全面落实国务院文件的要求，尽快出台有关地下水双控管理方面的制度和技术要求，强化我国地下水取水总量控制与水位控制管理，全面提升地下水管理和保护工作水平。

（2）地下水超采区治理工作有待全面推进。地下水超采区治理，涉及地下水超采区评价、禁采和限采范围划分、地下水超采区治理方案编制以及跨省大型超采区治理试点和治理技术研究等诸多内容。目前，我国在超采区治理方面尚处于起步阶段，未形成统一规范的管理和技术体系。要确保今后超采区治理工作的顺利开展，必须建立一套科学合理的地下水超采区治理技术规范，对在超采区的取水许可审批、各级人民政府及相关部门的职责义务、监督管理机制以及各种违规行为的惩罚措施等进行界定，提出具体的管理要求和保障措施。同时，要规范省际取用地下水分配工作及保障措施，构建统一的跨省联合调度与治理机制。

（3）地下水取水工程建设管理有待加强。全国地下水取水工程建设管理工作比较薄弱，大部分地区工程设计环节没有相关部门的审查过程，取水层位、封闭措施、钻孔布局随意性很大。工程施工企业缺乏资质要求，导致工程质量难以保证。工程验收环节缺乏明确的技术要求，没有建立清晰、完整的技术档案，影响了后续工程的运行管理和维修养护工作。大量的报废机井得不到妥善处理，一方面成了地下水污染的重要诱因，另一方面又成为影响人民生命财产安全的隐患。规范地下水取水工程建设论证、审批工作流程、强化监督管理工作，应成为今后地下水开发利用管理的重中之重。

（4）管理基础工作落后于水资源管理工作需求。目前，全国地下水监测设施严重不足，站网布局不尽合理，监测及传输手段落后，水文地质基础资料严重匮乏，大部分地区几乎没有深层地下水的监测数据，严重制约了地下水管理保护工作的开展，严重影响了抗旱等情况下地下水应急供水水源建设。对水量的监测比例很低，超过地下水总利用量 60% 以上的农业用水基本没有进行计量。用水监管不到位，致使地下水保护工作缺乏有效的监管手段，难以对地下水开发利用、污染防治等实施有效的监控以及对人类活动的影响后评估。

全国地下水管理最大的障碍之一是没有足够的、可靠的、可以共享的基础数据。设计和调整投资政策和管理措施，支持和鼓励地下水基础数据采集、积累和共享是加强地下水管理的当务之急。对于地下水管理工作的规程、要求等，除江苏等部分省份出台了地方文件，全国还没有明确的规定和要求，地下水管理规范化建设还没起步。水利部门缺少专业人才，基层地下水管理几乎没有专业人员，亟须地下水管理基础知识的普及和培训。

总之，我国当前的地下水管理机制还存在一定的缺陷，不能有效解决地下水开发利用过程中出现的问题，从而影响到地下水的可持续利用，并制约着经济社会发展。为此，要尽快明确我国今后地下水管理工作的重心和方向，建立与地下水保护相适应的监控体系和管理平台，为实施严格的地下水管理和保护制度奠定基础。①

4. 完善地下水管理制度的对策

（1）完善地下水管理和保护的法律法规。为了使地下水管理和保护工作有法可依，应该尽快制定专门法规——《中华人民共和国地下水管理条例》。《中华人民共和国地下水管理条例》的主要内容应包括：

一是地下水评价和规划管理制度。确定地下水开发利用和保护规划的编制原则，要求水行政主管部门定期组织本行政区域地下水资源调查评价并公布评价成果，合理划定地下水水功能区，编制地下水开发利用和保护规划，明确地下水开发利用与保护规划的内容。

---

① 赵辉、高磊、董四方：《近期我国地下水管理重点工作的思考》，载《中国水利》2013 年第 1 期。

二是地下水取水总量控制和水位控制管理制度。明确地方水行政主管部门制定本地区年度地下水取水总量控制和水位控制制度，对地下水取水总量或水位不符合计划和规定的地区，采取一定的限制措施。

三是地下水取水水资源论证和许可管理制度。强化地下水取水水资源论证和许可的要求，对新建、改建和扩建建设项目取用地下水，建设项目业主单位应当提供水资源论证报告书和地下取水工程施工方案，对于文物、风景名胜和城乡供水有重要意义的泉域水资源实行保护性管理，划定地源热泵系统取用地下水的限制取水范围和禁止取水范围，规定应急情况下取用地下水的原则，除应急取水外，禁止新增承压水开采。

四是取水计量和水资源费征收管理制度。加强取水计量和水资源费征收管理制度建设，规定取水单位或个人的权利与义务。

五是地下水凿井资质管理和取水工程监督管理制度。明确对地下水工程实行全过程监督管理，规定从事地下水取水工程施工单位应当具备的条件。

六是地下水超采区评价及管理制度。明确地下水禁止开采区、限制开采区的划定原则，要求地方人民政府定期组织划定并公布地下水超采区，制定本行政区的地下水超采区治理方案，同时采取措施加大资金投入，加快超采区替代水源工程建设。

七是地下水水源地管理与保护制度。强化地下水饮用水水源地的保护责任，要求地方人民政府合理确定地下水饮用水源保护区，建立健全监测制度；加强地下水污染防治要求，规范地下水工程的建设工作，开采矿藏或者建设地下工程须对含水层进行分层止水封隔。

八是地下水监测与监督管理制度。加强地下水监测和监督管理，要求地方人民政府水行政主管部门建立健全本行政区域地下水动态监测站网，及时向社会公布，实现信息共享，明确地方人民政府环境保护主管部门监督管理的职责，制定地方人民政府水行政主管部门或流域管理机构进行监督检查时可以采取的措施和方法。①

（2）地下水管理制度建设。地下水管理制度建设旨在规范、合理开发利用地下水和控制地下水开采量，主要包括地下水取水总量控制制度、地下水位控制管理标准、地下水开发利用管理制度、地下水补源管理制度和地下水与地表水联合调度机制。落实地下水取水许可、凿井管理、封井管理、地下水计量和监督等方面的政策，完善地下水管理政策和制度；完善管理制度体系，为实现地下水采补平衡提供保障。

（3）地下水涵养与保护。地下水涵养与保护按照内容和区域主要包括地下水涵养与补给区建设、地下水保护工作计划编制、地下水水源地保护、矿产资源开发区地下水治理与保护、粮食主产区地下水保护、生态脆弱区地下水保护、盐渍化区地下水保护与治理、湿地地下水保护。

（4）地下水超采治理。地下水超采治理主要包括全国地下水超采区划分、全国超采区治理计划编制、南水北调受水区地下水超采治理、地面沉降区地下水管理、海水入侵区地下水治理与保护。明确我国当前地下水超采区范围，结合水资源综合规划和配置格局，编制地下水超采治理工作计划，确定治理任务和目标。针对典型地区和地下水超采引起的问题区，加强管理和治理，制订地下水开采方案、水资源配置方案和人工回灌方案等，合理安排地下水超采区治理工作。

（5）地下水应急储备能力建设。地下水分布广，多年调节能力强，水量稳定，不易遭受污染，并能保证一定时期内的连续稳定供水，在应急供水方面具有很大优势。在弄清地区供水状况、水文地质、用水结构等情况的基础上，划定应急地下水水源地，加强水源地管理和建设，以备非常时期供水。同时编制地下水应急储备行动计划和应急储备水源供水调度方案，建立应急水

---

① 董四方、赵辉、高磊：《地下水管理条例立法研究》，载《水利发展研究》2012 年第 9 期。

源建设和涵养管理制度。

（6）地下水管理能力建设。地下水管理能力是地下水管理工作的保证，是管理政策和措施能够切实落实的基础。地下水管理能力建设主要包括地下水取水工程普查、地下水资源评价、地下水监管能力建设、地下水管理队伍建设和地下水保护宣传机制建设等。开展全国地下水取水工程普查和全国地下水资源评价工作；从地下水管理信息平台建设、地下水管理队伍建设和地下水保护宣传机制建设等方面提高地下水管理信息化、队伍专业化以及保护观念普及化，使管理工作各个层面得到加强。

（7）地下水管理基础研究工作。为使地下水管理工作更加完善，需要对地下水管理工作做进一步的基础研究，主要包括地下水评价技术方法、地下水保护规划技术方法、地下水管理模型、地下水管理机制等。[①]

二、用水效率控制红线管理

（一）节水型社会概述

1. 节水型社会的内涵

节水型社会是水资源集约高效利用、经济社会快速发展、人与自然和谐相处的社会。建设节水型社会的核心是正确处理人和水的关系，通过水资源的高效利用、合理配置和有效保护，实现区域经济社会和生态的可持续发展。

节水型社会的本质特征是建立以水权、水市场理论为基础的水资源管理体制，充分发挥市场在水资源配置中的导向作用，形成以经济手段为主的节水机制，不断提高水资源的利用效率和效益。节水型社会体现了人类发展的现代理念，代表着高度的社会文明，也是现代化的重要标志。节水型社会包含三重相互联系的特征：效率、效益和可持续。效率的含义是降低单位实物产出的

---

① 关锋、袁建平、赵辉、张远东、左其亭：《我国地下水管理总体框架研究》，载《人民黄河》2010 年第 10 期。

水资源消耗量，效益是提高单位水资源消耗的价值量，可持续是水资源利用不以牺牲生态环境为代价。

2. 节水型社会的发展阶段

节水型社会可以划分为起步阶段、初步实现阶段、基本实现阶段和建成阶段 4 个阶段，分别代表节水水平由低到高的发展过程。

（1）起步阶段。水资源浪费严重，通过加强管理和调整用水系统结构，逐渐促使用水趋于合理，工业、农业、城市的节水潜力较大。

（2）初步实现阶段。主要采取技术改进措施，提高用水效率；完备的管理体制、运行机制和法制体系已经初步建成，社会产业布局逐步合理，实现全社会用水在生产和消费上的高效合理，支持区域经济社会的可持续发展。

（3）基本实现阶段。面向高新技术改造和设备更新，工农业各部门、各用水户的用水指标和用水定额得到科学合理确定，在水市场的调节作用下，全社会人人都具有高度的节水意识。节水型农业、工业和社会环境的发展处于不断协调的过程中。

（4）建成阶段。它是节水型社会发展的最高阶段，本阶段节水型农业、节水型工业、城市与经济社会和环境建设进入了协调有序的发展过程。

3. 节水型社会评价指标体系的构建

节水型社会从内涵上讲，应该是各用水系统的全面节水，既包括节水水平、规模、结构、资源、设施、投入等要素，也包括观念、目标、内容、管理、人员等要素，体现出节水型社会的高效本质。为了全面衡量区域的节水水平、资源使用效率、生态环境效益及循环特征，构建节水型"社会、经济、生态"三维指标体系。通过建立节水型社会评价指标体系，可以实时地评价特定地区的水资源节约利用情况，针对水资源耗费的不足提出针对性的政策与措施，最终形成全社会水资源利用的高度节约。

（1）节水评价指标。在区域用水系统中，不同用水的特点、含义及其重要性是不同的。通常情况下农业灌溉用水、工业用水以及城市生活用水量相对较大，占有比较重要的地位，同时由于节水管理工作开展较早，基础调查资料较完整，因此应对这三项用水的节水水平，分别建立各自独立的评价系统进行评价。

（2）生态系统建设指标。生态系统是水资源系统和社会经济发展赖以生存的物质基础，生态系统指标是指用来推断或解释该生态系统其他属性的相应变量或组分，并提供生态系统或其组分的综合特性或概况。最典型的是单一的生态系统指标，可以用来推断几个属性，对于任何一个基于生态系统的有效管理和评价计划，生态系统指标应尽可能减少到易控制和操作的水平。确定生态系统指标的目的是提供一个简便方法，精确地反映生态系统的结构和功能，辨识已发生或可能发生的各种变化，特别是具有早期预警和诊断性的指标最有价值。

（3）经济发展速度指标。为了反映水资源对社会经济发展的贡献以及社会福利的增长情况，主要采用经济总量与结构指标、发展速度指标、用水秩序和用水的社会参与程度指标。[①]

（二）节水型社会制度体系

1. 节水伦理

水伦理是研究人与水应然关系的学问，是人与水相互依存、相互作用的理由和根据的学说。节水型社会水伦理应该确立这样的理念，即水是有生命的主体，水有存在和健康生存的权利、受人尊重的地位和独立价值，节水型社会的内涵应该有水伦理的内容，节水型社会的出发点、终极目的和评价标准，应该包括地球上人与水的和谐进化、健康生长。节水型社会的水伦理包括认识和操作两个层面的问题。

（1）节水伦理的认识。节水型社会必须冲破人类利己主义的窠臼，把人类和其他生命体放在同等地位进行利益均衡，共生

---

① 史俊、文俊：《节水型社会及其评价指标的应用》，载《水科学与工程技术》2006 年第 5 期。

共进。仅仅从人类自己的利益考虑问题，社会文明进程似乎轰轰烈烈，成就可观，可是代价也是极为惨重的。人类早期四大文明古国，埃及、巴比伦、古印度和中国，都源于江河流域，又都严重破坏了水生态，其原始发祥地无一例外都演变为沙漠地带。黄河已连续多年出现断流，1997 年，黄河利津水文站长达 226 天无水入海，断流河段上延到距入海口 700km 开外的河南开封柳园口。黄河断流给河流带来致命威胁，河道泄洪排沙能力削弱，主河槽严重淤积；河流自净能力降低，水质污染度超标。由于黄河断流日趋严重，使渤海水域失去重要的饵料来源，严重影响海洋生物的生殖繁衍，造成渤海海洋生物链的断裂，危及渤海生态系统的平衡，而且，黄河断流切断了河口生态系统的正常循环，黄河口国际湿地自然保护区生物多样性受到损害。人们原以为，水作为物体，不言不语，逆来顺受，怎么能作为道德关系的对象呢？其实这恰恰是问题的症结，人类的理念大大落后了，水作为生命体，有生长、发展、自由的需要，有和其他生命体和谐相处的需要，这种需要源于它自身的价值，当其不能体现价值和受不到尊重时，它就会有自己的反叛和报复。

认识层面的水伦理观要确立两个信念：其一，尊重水的自由品格。水作为生命的主体，像人一样，有她孩提、年轻、迟暮的生长周期，她在整个生态系统里，有着自己的付出，有着自己的价值和权利，她的躯体形式，可恣意汹涌，可潺潺细流；可干涸可澎湃，可冰藏可雾化，可蓄可泄，可净可浊，可生可灭。这一立场包含着这样的伦理原则：人与水主体间有各自存在的理由和方式，相互协调共进，人认识到水可利可害，从而兴利除害，但同时又互不损害或互不干涉生命之根本，还要互相忠贞。其二，维护水生命体的基本存量。在整个水生态系统之内，雨水、地下水、河流、湖泊等在区域、时阈有着自我平衡和调节能力。人类的历史就是通过改造自然的活动，不断改变水资源系统自然平衡和自我调节功能的历史，干预的结果带来了很多有利于人的利益，但却留下许多隐患。因此，必须在科学认识的前提下，适度改变水资源生态平衡的自然功能，达到既不损害人类，又符合水资源生态的自然平衡机制。"维护水生命体的基本存量"包含了两个重要的伦理原则：一是域际平衡。即空间范围内地域关系水资源自然平衡的水伦理原则。地域水资源的多与少，应符合自然生态系统的平衡，最好不要人为地调来调去。如果要调，应科学论证。二是代际平衡。作为人类生命繁衍的一个环节，一代人没有理由也没有权力占用下一代人可持续发展的基本水量。这是处理时阈内代际关系水资源合理配置的水伦理原则。

（2）节水伦理的操作。

一是用水伦理原则。与节水型社会直接相关的伦理实践就是用水应遵循一定的伦理原则和规范。这些伦理原则主要包括：一是共享原则，即水资源作为公共资源，不能只由局部地区和少数人享用。二是适度原则，即水资源的使用合乎科学规律。三是节约原则，即反对对水资源的浪费。节水伦理是基于水资源短缺和水资源承载力有限的意识形态，因此用水必须和关于水资源承载力的科学认识结合起来。用水不仅要看所用河流、湖泊的水量、水质，还要考虑不同生态系统类型的生态环境需水机制，包括需水的时空分布特征、水循环过程等，从可持续发展角度确定水资源承载力的生态环境评价指标。

二是管水伦理原则。就是建立对水资源开发、利用的应然制度和行为规则。首先是统一管理，合理配置。水资源的开发、利用、供水、节水、排水、治污与回用等，应该由各级水行政主管部门统筹安排。其次是公正合理地处理整体利益与局部利益、企业利益与居民利益的关系，在生活、生产、生态环境三者用水均不充裕的情况下，只好采用人类中心的功利主义态度，以满足生活用水为优先的价值选择。应当指出的是，在操作层面上，水伦理的生态中心思想只是暂时屈服于人类中心主义。最后是业已建立的水权、水价、排污等法律法规及其管理监督机制必须符合管理伦理原则，这是维护管水公正的制度保证，也是防止管理人员本身道德腐败的必要安排。

三是治水伦理原则。治水伦理包括两个方面，一是治污的伦理问题，由于污染造成的水质性缺水日益严重，应该强化当事主体的社会责任和遵纪守法意识，杜绝无偿、低偿用水和排污，要从水与人和谐共生的角度以及最终超越法律手段的方式限制污染或强制治理污染，恢复河流、湖泊的自净能力和水生态的自然平衡功能。二是兴修水利和防洪抗旱中应遵守的道德原则，主要是协力抗灾、集体承担、共同分担、共同受益的原则。在需要做出局部牺牲时，应有对当事主体利益补偿的原则。需要强调的是，治水伦理一定要和生态中心主义思想结合起来，应反思多年以来防洪的思路与教训，借鉴古代与自然生态相和谐的水利工程的经验。①

2. 节水法律法规

我国的节约用水立法已经取得了不少成果：在中央立法层面，2002 年水法明确了建立节水型社会的目标，并规定了用水总量控制、定额管理、计划用水、超额累进水价、节水技术和设备推广、节水设施建设等一系列制度，基本形成了节约用水的制度框架；同时，《清洁生产法》以及相关部门规章也对节约用水做出了规定。在地方立法层面，已经制定了超过 30 部节约用水的地方法规，其中将近 20 部是在 2002 年水法实施后制定的，基本上覆盖了用水量大的全部城市；另外还有一批节约用水的地方政府规章和规范性文件。比较有代表性的有《天津市节约用水条例》、《云南省节约用水条例》、《内蒙古自治区节约用水条例》、《山西省节约用水条例》、《吉林省节约用水条例》、《河南省节约用水管理条例》、《重庆市城市供水节水管理条例》、《深圳市节约用水条例》、《苏州市节约用水条例》、《洛阳市节约用水条例》、《哈尔滨市节约用水条例》、《乌鲁木齐市节约用水管理条例》、《唐山市节约用水条例》、《郑州市节约用水条例》、

---

① 余达淮、许圣斌、陆晓平：《节水型社会的伦理理念和原则》，载《水利发展研究》2005 年第 9 期。

《北京市节约用水办法》、《河北省全社会节约用水若干规定》等。地方立法已经成为推进节约用水的主要途径，各地依据地方立法开展了节约用水工作。①

3. 节水型社会的水价管理

（1）节水型社会的水价改革目标。为适应我国水资源紧缺状况，应深化以节水为目标的水价改革，促进科学合理的水价形成机制，其目标应是坚持市场化、产业化改革方向，水价要逐步能够反映水资源的稀缺程度和供应成本。通过深化水价改革、加强水资源管理、优化产业结构、建立节水制度等措施，充分发挥价格杠杆的作用，大力推进全社会节约用水，提高用水效率，从体制和机制上推动节约用水。

（2）节水型社会的水价核定原则。水资源是一种特殊商品。水价改革和水价形成机制的建立是一项复杂的系统工程，涉及面广、实施难度大，关系到社会的方方面面和千家万户的切身利益。因此，水价形成机制应依据不同的用途，区别不同情况，划分轻重缓急，确定依据的原则。不仅要考虑用水户的承受能力，还要考虑资源的稀缺性即用水效率，以促进水资源的优化配置；不仅要考虑供水成本回收和供水企业合理利润，而且还要考虑区域间的差别和同区域统一水价，以保护水资源和生态环境。例如，对居民生活、工业用水和一些公益性用水，考虑的主要是水资源的合理配置和可持续利用，以及成本补偿和合理收益。对于农业用水，由于国家产业政策的倾斜，其价格首先要考虑的是用水户的承受能力，然后才是成本补偿问题。因此，水价核定应遵循以下原则：

第一，促进节水和水资源高效利用、优化配置和可持续利用的原则。水价核定必须促进水资源优化配置，保证水资源的可持续开发与利用。在利用水资源和水环境容量时，要力争实现投入产出比较高，提高水利的利用效率，促进用水户节约用水，提高

① 刘长兴：《完善节约用水立法的基本思路》，载《求索》2011年第9期。

重复利用率，减少单位产值耗水量。产业布局要充分考虑当地水资源的赋存，要将用水成本纳入决策函数。尤其要考虑未来水资源的供给要能满足经济社会的持续发展，要为将来的经济发展和社会进步提供资源和环境空间。水价核定要结合供水设施的建设，积极建立和培育水资源开发利用市场，创造供水市场实现竞争的条件，努力发挥市场机制在水资源配置中的基础性作用，实现水资源的高效利用和优化配置。

第二，公平性和平等性原则。水价成本的测算和水价标准的确定，一方面要充分发挥价格机制对用水需求的调节作用，提高用水效率；另一方面要充分考虑不同用户的承受能力，准确把握改革的力度和时机，逐步理顺水价结构，建立多层次供水价格体系。

第三，成本补偿和合理收益的原则。水价成本测算要根据供水成本、费用及市场供求的变化情况适时调整，要充分考虑供水单位的可持续运行。农业用水价格按补偿供水生产成本、费用的原则核定，不计利润和税金。非农业用水价格在补偿供水生产成本、费用和依法计税的基础上，按供水净资产计提利润。

第四，政府管理和市场调节的原则。水价要按照统一政策、分级管理的方式，区别不同情况，实行政府指导价或政府定价，并充分考虑市场因素。水作为准商品，供水作为相对特殊的市场行为，政府要加强对水价标准调整和水费计收使用的管理。同时要利用价格杠杆，通过市场调节手段来适当浮动水价执行标准。

第五，农业水价要坚持政府补贴、降低农民负担的原则。农业供水是为农业生产和粮食安全服务的，农业供水应该界定为公益性服务。其服务成本的亏损、农业供水价格与农业成本水价之差，应由政府补贴。要加强农业水价管理，充分考虑农民承受能力，彻底取消不合理的加价和收费，建立科学合理的农业水价形成机制，提高农民的节水意识，促进农业灌溉方式的转变，达到节约用水的目的。

第六，充分考虑地区差别、实行区域定价的原则。我国地域广大，自然地理条件、社会经济环境、水资源供求状况、开发利用水平等有较大差异，因此，各地区的供水成本也有较大差异，这就自然形成了水资源供求的区域性特点。许多地区没能采取一区一价的原则，使多种水源不能得到合理配置，出现地下水超采、地表水浪费现象。如过去在黄河下游引黄灌区，由于过境的黄河水比抽取当地地下水水费用低，致使当地农民大量引用黄河水灌溉农田，而极少利用地下水进行灌溉，不仅造成了黄河水的大量浪费，而且造成了耕地的盐碱化。采用同一区域统一水价制度，既可抑制某种水源价格过高现象，从而使供水结构趋于合理，提高供水保证率，又可防止地下水超量开采、保护生态环境。在同一区域，应对工业用水、城市居民用水和农业用水分别实行统一水价。将跨流域引水、过境水、当地地下水、地表水制定统一价格，实行多种水源联合调度。

（3）水价标准的核定模式。水价标准应当是根据国家经济政策和当地自然地理、社会经济条件，按照补偿成本、合理收益、优质优价、公平负担的原则核定。国家以促进水资源优化配置和节约用水为根本目标，供水经营者以成本补偿和增加利润为原则；区别不同用水对象及其承受能力，保证基本用水，实行价格差异政策和不同价格水平。

节水型社会水价标准的核定既要全面涵盖资源成本、工程成本、环境成本，又要体现对供水企业的成本约束、合理的用水户承受能力、对水资源供求关系的有效调节及合理的利润和税金。水价核定除了考虑工程供水成本因素和用水户的承受能力之外，还要充分考虑当地水资源状况。只有包括资源成本的水价，才能完整体现资源的稀缺程度和供求关系，发挥水价在水资源开发利用过程中的杠杆作用。

全成本计价模式。完整合理的水价应该反映水的全部机会成本包括资源成本、工程成本和环境成本。资源成本是指用水户需要支付的天然水的价格，包括水资源使用权的购买价格，和水源涵养和保护费用的补偿。工程成本是指通过具体的或抽象的物化劳动把资源水变成产品水，进入市场成为商品水所花费的代价，指的是生产成本和工程产权收益。环境成本是指水资源开发利用活动造成生态环境功能降低的经济补偿价格，即为达到某种水质标准而付出水环境防治费的经济补偿。因此，水利工程供水价格可分为个构成部分，即资源成本、工程成本、环境成本利润和税收。

关键参数的选择和确定。天然水资源价格就是资本化的水资源地租，往往以水资源费的形式出现。水源涵养和保护费用的补偿主要考虑为保护水源地，限制当地的生产，使当地居民失去了某些投资开发的机会。由于水源地要求有良好的环境，因此当地政府在投资开发决策时，必须考虑水源地保护的特殊要求，服从全局的总体利益。我国大部分地方的水源区经济社会状况都落后于下游地区，当地人民为下游地区的用水者作出了牺牲。这种损失的弥补应该是水价的外部成本。工程（生产）成本是指在正常供水过程中发生的固定资产折旧、大修费、运行费以及其他按规定应计入成本的费用。环境成本是指水资源的生产使用活动对生态环境负面影响的补偿。通常以污染治理费用和水质达标处理工程费用的形式出现。[①]

（三）节水型社会建设存在的问题

1. 节约用水意识有待进一步提高

当前，在节约用水意识上还存在一些模糊认识。

（1）富水地区不必节水观。在水资源较充裕地区，很多人存在"富水地区不必节水观"的观念。例如，浙江省属于典型的江南水乡。在人口规模有限、经济增长缓慢的历史时期，浙江省水资源供给是十分充裕的；在人口规模膨胀、经济快速发展的新的历史时期，浙江省水资源供求矛盾已经凸显。但有的人固守江南水乡不缺水的传统观念，对节水意义认识不足。例如，杭州

---

① 田圃德、刘晓辉：《节水型社会的水价管理》，载《中国物价》2005 年第 11 期。

市曾经一度出现取消节水办公室、鼓励居民用水的奇怪现象。殊不知，用水多，排水也多，导致环境容量不断受到侵占。

（2）节水不如引水观。有些缺水地区的干部群众虽然深切感受到水资源紧缺的危机和压力，但仍然首先考虑如何开辟水源，甚至是首先考虑不惜代价跨流域引水，对节水工作没有引起足够重视。殊不知，跨流域引水，不仅面临高额的引水成本，而且面临可能的生态风险。

（3）节水阻碍发展观。有些经济欠发达地区的干部认为，节水减污是发达地区的事，是跨越了工业化中期以后的事，对于经济欠发达地区而言，首要的任务是发展经济，过早强调节水会阻碍经济的发展。殊不知，节水技术的提高，产业结构的调整，不仅不会阻碍经济增长，而且会促进经济又好又快发展。

（4）节水治污分离观。节约用水不仅可以减少用水，提高水资源效率，而且可以减少污水排放，变末端治理为源头减污，变被动治污为主动减污，从根本上减少水污染。因此，"节水就是治污"。但是，还有相当多的企业和居民仍然把节水与治污截然分离，难以做到资源节约与环境保护的统筹兼顾。

2. 节约用水技术有待进一步突破

（1）用水结构不尽合理。随着我国产业结构的不断升级、工业化的进程加快和生活水平的提高，第二产业、第三产业用水量不断增加。由于农业的用水量大而水资源效率低，而工业、服务业的用水量相对小而水资源效率高。因此，呈现出用水结构性矛盾。这就要求在保证粮食安全的前提下，通过节水措施，减少农业用水，协调三大产业用水结构，促进三大产业之间的用水和谐。

（2）工业用水重复率偏低。目前，我国的工业用水重复率原低于发达国家的水平。工业用水重复率低的一个重要原因是污水治理技术、循环用水技术、分质供水技术等尚未突破，导致企业"循环不经济"，从而缺乏循环用水的动力。虽然国家提倡在冲厕、洗车、浇灌、喷洒时使用中水，但是由于技术突破缓慢、投入成本过高，各城市还没有铺设统一的中水专用管道。

（3）节水产品研发推广缓慢。节水产品市场准入制还没真正建立，节水产品生产的优惠政策措施不到位，节水产品的研制和开发水平较低，影响了节水产品的推广和普及。城市用水户实行"一户一表"是推进梯级水价的基本条件，大部分城市因"一户一表"工程建设不到位，致使用水户阶梯式水价难以推行。

3. 节约用水立法严重滞后

无论是相对于节约用水工作的实际需要，还是相对于制度完善的目标，我国的节约用水立法仍存在明显的不足。

（1）水法的配套法规不足，导致节约用水制度的操作性不强。水法已经明确了节约用水制度的基本框架，但包括用水定额管理、计划用水、超额累进水价等制度的具体操作规范缺乏，需要配套法规加以完善，但是，中央层面的配套法规并未及时出台。地方的节约用水立法普遍存在制度不统一、内容不完整等问题，没有对水法的制度作出全面合理的补充，导致节约用水制度实施不全面、效果不理想。

（2）节约用水制度的强制性不足，没有体现用水总量有限的硬约束。我国不少地区已经进入或即将进入取水达到极限无补充水源的时期，用水已经面临绝对水量有限的硬约束，节约用水制度必须充分反映并合理应对这一客观现实。但是目前的节约用水制度还没有体现充分的强制性，更多的是经济激励鼓励等软性措施，不能提供用水总量上的硬约束，这将损害其实施效果，影响水资源分配的效率和公平。

（3）节约用水制度的科学性有待提高。从现行节约用水制度存在的问题出发，应当从以下几个方面提高节约用水制度的科学性：一是激励措施需要完善，对技术改进的激励以及对超额用水的累进水价应当充分反映水资源的价值，激励的方式范围和幅度都需要明确而合理。二是节水管理体制需要统一，改变目前管理部门分散管理、手段多样进而危害水资源分配效率和公平的现状。三是制度之间的协调性不足，强制性制度与鼓励性措施的分工和配合需要改进。

（4）节约用水立法的覆盖范围不足，导致行业和地区间节约用水的成本和收益存在较大差别，影响了节约用水政策的整体推进。水法虽然是覆盖全国范围的法律，但由于其规定的可操作性不足，各地、各行业的实施并不统一，其执行效果也不明显。①

4. 节约用水管理体制有待进一步理顺

（1）区域水资源管理上城乡分割。长期以来，水行政主管部门一直归属农口，主要负责农村水利工程建设与管理，防汛、取水许可审批与管理等；建设部门负责城市供水、排水设施建设与管理，城市节水办负责城市节水；工业节水管理属于经贸行政主管部门。管水体制上的城乡分割导致了在水资源保护和开发利用上存在着竞争性开发、粗放式管理等短视行为。

（2）在功能管理上部门分割。作为同一属性的水资源，在同一区域，按不同的功能和用途，被水利、建设、市政、经贸委、环保、地矿等多个部门分别管理，形成"管水量的不管水质，管水源的不管供水，管供水的不管排水，管排水的不管治污，管治污的不管回用"的分割局面。

5. 节约用水相关措施有待进一步配套

节水管理存在多头管理、缺乏统筹的状况，导致节水政策的不一致或不协调，有时甚至发生冲突；节水机构存在可有可无、或有或无的状态，导致节水工作缺乏必要的人力投入；节水资金与设备投入离节水工作的要求相比还有较大差距，导致节水技术、设备的更新速度缓慢；节水的信息统计几乎还是一片空白，导致决策者难以利用充分信息进行科学决策，也难以利用对称信息进行相互比较。②

---

① 刘长兴：《完善节约用水立法的基本思路》，载《求索》2011年第9期。
② 沈满洪、高登奎、陈庆能：《节约用水制度研究——以浙江省为例》，载《中国建设信息（水工业市场）》2010年第11期。

（四）节水型社会建设的对策

1. 完善节水法规

完善的节约用水立法应当包括以下几个方面的内容：

（1）水法中关于节水的规定。水法已经确立比较系统的节约用水制度。由于节约用水制度势必涉及对私人财产权的限制，并需要设立必要的行政许可或者其他管制手段限制企业和个人的行为，影响到公民的基本财产权利，因此有必要以法律的形式赋予其合法性。同时，节约用水只是水资源使用的一个方面，在水法中加以规定不仅可以减少立法数量降低立法成本，更主要的是有利于节约用水制度与其他水资源管理和使用制度的衔接。水法正是将水资源配置和节约使用放在一章来规定的。因此，在法律层面，节约用水立法应当保留现行模式。但是，水法中节约用水的规定也存在过于粗线条的问题，对于用水定额、用水计划的制定主体、制定范围、管理部门的规定不够明确，造成实施中存在较大争议。今后修订水法时应明确以下内容：一是节约用水的管理机构和职责，以及政府的节约用水管理目标和相应责任；二是完善用水总量控制制度、用水定额制度、计划用水制度、超额累进水价制度、节水技术管制和促进制度等节约用水基本制度，对其基本内容、实施主体作出明确规定；三是授权国务院就节约用水的具体制度制定行政法规，补充相关的具体规范。

（2）专门的节水行政法规。节水行政法规应当在节约用水法律制度中发挥重要作用，因为一方面，维护节约用水制度的统一性需要中央立法；另一方面，节约用水制度包含较多的行政管理规范，需要适时作出调整，不宜全部以法律形式规定。因此，在水法规定节约用水基本制度的基础上，针对具有相对独立性的节约用水制度制定专门的行政法规就十分必要。节水行政法规应当定位于解决以下问题：一是充实节约用水基本制度，明确节约用水制度的操作规范；二是政府部门在节水管理中的分工，设计合理的行政程序以完成节约用水管理工作；三是规定节约用水的一般制度，例如，节水器具管理制度、雨水利用和循环用水制度、特殊情形的限水制度等，以形成完整的节约用水制度体系。节水行政法规的缺位已经影响到建立节水型社会的进程，完善节约用水立法的当务之急是制定节水行政法规。

（3）有关节水的部门规章。针对节约用水制度的具体方面，可以由国务院水行政主管部门或者相关部门制定部门规章。节约用水部门规章的意义在于：一是履行水法和节水行政法规授予的职责，补充节约用水制度的具体规范，或者明确相关制度的具体标准和范围；二是建立全国统一的具体规范，避免各地方在实施节约用水法律法规时出现大的差别，损害制度的统一性；三是利用行政机关管理灵活的特点，对节约用水制度的具体执行措施作出适时调整，以适应变化了的水资源形势的需要。例如对节水器具的认定标准、节水技术的管制范围等就适宜以部门规章加以规范。

（4）节水地方性法规、地方政府规章。目前的节约用水立法以地方立法为主，由于水法中节约用水规定过于原则，节水行政法规又长期缺位，地方节约用水立法事实上是推进节约用水工作的主要和直接依据。由于地方节约用水立法存在诸多问题，导致了水资源分配的效率和公平性都受到影响。因此，节约用水立法应当以中央立法为主，但地方立法仍可以在法律和行政法规规定的基础上根据地方情况作出具体规定，但不一定以综合性的节约用水条例的形式，可以采取针对某项具体节水事项立法，采用地方政府规章等灵活形式。总体上讲，应当改变目前节约用水工作以地方立法为主的局面，确立中央立法的主体地位，地方立法发挥辅助性作用，以促进节约用水制度的统一，降低立法和执法成本。①

2. 改革节水管理体制，统一节水管理工作

我国目前节约用水工作是由不同部门分别负责的，在中央主要是由国家发改委、水利部、住建部等部委负责，在地方则还包

---

① 刘长兴：《完善节约用水立法的基本思路》，载《求索》2011 年第 9 期。

括农林、园林、城管、绿化等部门。这种多部门管理给水资源的高效利用和有效保护带来了极大的困难，这也不利于节水工作的开展。因此，节约用水立法应当摒弃现有的分割式管理体制，明确规定由一个部门统一负责节约用水工作，坚决实行节水事务管理一体化。不仅要实现雨水、地表水、地下水、中水、城市供水由一个机构统一管理；还要将节水型社会建设方案中的节水型工业、节水型农业、节水型服务业、节水型城乡居民生活纳入一个系统管理，对水量、水质、水域、水能进行统筹兼顾。因此，根据各部门职能分工的不同，立法中应明确规定由水行政主管部门负责节水管理工作，这样可以发挥水行政主管部门在水资源管理上的技术、经验优势，使节水工作与水资源管理统一协调，真正实现一体化管理的法定化。

3. 确立激励和约束机制

节约用水立法应当明确规定节约用水的激励性措施和约束性措施。激励性措施主要包括建立节约用水专项资金投入制度、对节水科研攻关项目和科技转化为生产力提供财政支持、通过调控水价和建立水权交易制度引入市场机制、对节水项目建设实施投资倾斜和信贷扶持政策、明确对节水先进单位和个人的奖励制度等。约束性的措施主要包括确定宏观总量控制与微观定额管理制度、将节水规划纳入国民经济和社会发展规划中、用水实行超计划累进加价收费制度、将节水效果作为政府的评价考核指标、强化法律责任规定等。在节约用水立法中，上述制度的确立是十分必要的，但鉴于各地方情况的不同，法律层面的立法不宜过于具体，只做一般性的规定即可；而地方立法层面的配套法规或规章就应当结合本地区的实际情况对具体的数值作出规定，以利于实际工作中的操作。这样做既保证了法律制度上的全国统一性，又照顾了不同地区之间的特殊情况，使各项节水制度落到实处，避免了法律规定流于形式。

4. 鼓励多种水源开发利用

多种水源开发利用是节约用水的重要内容，是开辟新水源、缓解我国水资源紧缺的重要途径。但由于缺少法规约束和鼓励政策，现阶段多种水源开发利用还处于低水平阶段。如再生水的处理率高，但利用率却较低，矿井疏干水没有得到有效利用，雨水利用工程较少，海水利用还处于起步阶段等。因此，应当从不同方面来推进多种水源的开发。具体来说，就是在法律中规定将再生水、雨水等与地表水、地下水一同纳入统一调度范畴，编制再生水利用、雨水利用等专业规划；对雨水收集利用设施、再生水处理设施的规划建设和使用作出强制性规定；通过对再生水等设定优惠的价格与自来水形成一定的价格优势，用市场机制来调整用水行为；同时还可以通过规定"环境卫生、园林绿化等单位使用再生水不受用水总量控制的限制"来提高再生水的利用率。总之，通过在立法中规定以上措施为我国节水工作树立开源与节流并重的思想。①

5. 建立节水信息通报制度

节水信息具有不完全性和不对称性的特点。这种特点将增加节水相关制度的运行成本，降低制度运行效率。节水信息通报制度就是通过强制力或激励性措施，促使政府涉水部门和用水户向节水主管部门提供节水信息，进而由节水主管部门向社会提供节水信息的一系列规则。

（1）建立政府涉水部门之间的节水信息通报制度。政府水行政主管部门所属的节水办公室处于节水信息需求的核心位置。与节水有关的政府职能部门要定期和及时地将各自领域的节水信息向节水办通报；节水办要认真负责节水信息的汇总、整理、加工等工作，根据工作必要性和信息保密性的要求发布节水信息通报，或在节水办的网上予以发布，政府各职能部门通过节水办信息网了解相关节水信息。

（2）政府节水主管部门向社会通报节水信息制度。对于公

---

① 刘志远：《论节水型社会建设中的节约用水立法》，载《知识经济》2008 年第 11 期。

众具有知情权的节水信息，政府应该向社会予以通报，公众也可以通过水行政主管部门节水办的网站了解相关节水信息。其中，节水办要对两方面的重点信息在电视、报刊等媒体上予以公布：一是节约用水的典型案例和先进经验；二是违反节水法规和政策的相关信息。从正反两个方面起到促进全社会节水的效果。

6. 建立节水考核制度

节水考核制度是指通过制定节水考核指标，对各社会主体进行定性或定量评估的规则。该制度的实质是为节水目标的有效落实提供制度保证。

（1）构建三级节水考核体系。节水考核体系可以分为三级考核体系：一级节水考核体系考核下一级行政区域政府；二级节水考核体系考核本级行政区域内的政府职能部门；三级节水考核体系考核本区域的单位和用水户。

（2）设计科学考核指标。考核指标的设计要坚持定性考核指标与定量考核指标相结合、绝对数量指标与相对数量指标相结合、硬性考核指标和软性考核指标相结合的原则。

（3）实施节水考核制度。政府节水主管部门对下一级区域政府节水状况及本级行业主管部门进行考核，政府行业主管部门对本区域各行业用水户进行考核。考核结果汇总到水行政主管部门下设的节水办公室。

（4）充分运用考核结果。根据考核结果对节水先进的区域、单位和个人要予以奖励，对违法违规的区域、单位和个人要予以惩处。前者包括授予节水型城市奖、节水型企业奖、节水型社区奖、节水型家庭奖、先进节水个人奖、节水技术开发奖、节水宣传推广奖，后者除保留现有行政处罚之外，可以考虑新设节水管理不力的处罚制度、超计划用水处罚制度、浪费用水处罚制度、环保设施缺陷处罚制度和超标排污的处罚制度等。

7. 探索循环用水制度

循环用水是指根据不同用水对象对水质的不同要求，将水资源划分为不同的层次和级别，上一层次用水对象的出水经过处理后可以成为下一层次用水对象的水源，形成类似于生态链的水循环模式，从而形成水资源的循环利用。循环用水制度主要是指通过激励性措施降低中水、再生水的生产成本、实现循环用水的产业化和市场化的一整套规则和政策。

（1）制定合理的水价体系。在水价制度改革中，要制定合理的地表水、地下水、自来水以及中水、再生水之间的比价关系。拉大中水、再生水与地表水、地下水、自来水之间的价格差，以利于扩大中水、再生水的市场需求，促进中水和再生水市场的形成。中水水价和再生水水价应低于自来水水价，以形成价格差，刺激中水和再生水的使用；中水水价和再生水水价的确定还要考虑中水水质、再生水水质，应根据不同的水质，确定相应的水价，水质越好，价格越高；中水水价和再生水水价的确定也要考虑再生水的生产成本，中水水价和再生水的水价应高于中水生产企业和再生水生产企业的生产成本，以保证生产企业获利。

（2）推进循环用水产业化改革。循环用水产业具有自然垄断、固定资产专用性强、公共物品属性、规模经济和范围经济效应等特点，应推动循环用水产业化改革，放开污水处理市场，组建水务集团。由水务集团全面负责自来水供应、污水处理、中水回用以及再生水回用等方面的工作，统一提供自来水、中水、再生水等产品和污水处理等服务。通过组建水务集团，利用循环用水产业的规模经济和范围经济的特点，将大幅度降低中水处理成本以及再生水的处理成本。

（3）探索分质供水制度。分质供水是指供水企业根据用户对水质的不同要求，通过不同的管道系统，分别提供多种不同质量的水源，并对各种不同水质的水源采用分别计量、分别计价的一种供水模式。按水质的不同，分质供水系统可以提供三种水：自来水、优质饮用水和再生水。分质供水模式大致有两种：一是城市分质供水模式；二是企业内部或者小区内部分质供水模式。在大中城市中，由于规模经济效应而导致的平均处理成本的降低幅度要超过因输水管道扩大而导致的平均运输成本的提高幅度，宜采用第一种模式。而在小城市中，两种模式均可考虑。研究表明，当自来水价格大于再生水平均总成本时，便具备实行分质供水的可能性；当再生水价格与自来水价格之差大于再生水的平均总成本时，实施分质供水制度所获得的收益大于实施该项制度所花费的成本，实施该项制度是可行的；当再生水价格大于再生水的平均总成本时，再生水企业能盈利，而如果再生水价格小于再生水的平均总成本时，再生水企业将发生亏损，此时，政府应对再生水企业进行补偿。①

三、水功能区限制纳污红线管理

（一）水功能区监督管理制度

1. 水功能区管理工作进展及存在的主要问题

1998 年水利部"三定"首次赋予水利部组织水功能区的划分职责，2008 年水利部"三定"进一步明确水利部组织拟订重要江河湖泊的水功能区划并监督实施，为水行政主管部门开展水功能区管理工作提供了明确的职责依据。从法律规定上看《水法》第 32 条规定，国务院水行政主管部门会同国务院有关部门和省级人民政府，按照流域综合规划、水资源保护规划和经济社会发展要求，拟定国家确定的重要江河、湖泊的水功能区划，报国务院批准。该条同时规定了其他江河湖泊水功能区划的划分及审批程序，并在第 4 款进一步明确了水功能区划水质状况监测与报告等规定。此外，《取水许可和水资源费征收管理条例》第 20 条规定，可能对水功能区水域使用功能造成重大损害的，审批机关不予批准取水许可。

水功能区划制度的提出，对我国社会经济可持续发展意义重大，是实践新时期治水思路，实现水资源合理开发，有效保护综

---

① 沈满洪、高登奎、陈庆能：《节约用水制度研究——以浙江省为例》，载《中国建设信息（水工业市场）》2010 年第 11 期。

合治理和科学管理的一项极为重要的基础性工作，有助于解决由于江河湖库水域的功能不明确造成的供水与排水布局不尽合理，开发利用与保护的关系不协调，水域保护目标不明确，水资源开发利用保护管理的依据不充分，地区间、行业间用水矛盾难以解决等一系列问题。

根据 1998 年"三定"的规定，水利部从 2000 年开始启动水功能区划工作，2002 年发布《关于印发中国水功能区划（试行）的通知》。2003 年，颁布实施了《水功能区管理办法》。此后，水功能区管理工作逐步走上正轨。

早在国务院批复全国重要江河湖泊水功能区划之前，31 个省、自治区、直辖市已全部完成了本辖区的水功能区划编制工作，并经省级人民政府批准实施。近年来，在水利部的统一部署下，各地围绕水功能区划，陆续开展了水功能区确界立碑，水功能区水资源质量监测，以及结合水功能区划要求开展的入河排污口监督管理、水资源论证、取水许可等工作。特别是近两年来，随着最严格水资源管理制度的提出及实施，水功能区管理工作无论从深度还是从广度方面都推进很快。水功能区划与污染物总量控制之间的相应关系，也逐步引起重视。可以说，水功能区管理的制度框架和工作体系已经初步建成。但总体来看，水功能区管理工作与中央对水利工作特别是水资源工作的要求相比还存在相当大的差距，有一些具体问题亟待解决。

（1）社会认知程度不高。水功能区划制度从无到有历经十余年，得到了各级人民政府及水行政主管部门的高度重视，在社会上引起了一定的反响，但是社会认知程度与其重要地位相比仍然远远不够。水资源的极度重要性和水功能区划的自身特性，决定了水功能区划与公众的利益休戚相关，但与土地管理制度中的基本农田保护区、建设用地、农用地等这些耳熟能详的概念相比，公众对水功能区划的认知和关注程度要弱得多。不仅如此，即使在相关部门乃至水行政主管部门内部相当多的人对水功能区划都不甚了解或者说知之甚少，还只是停留在基本概念层面。再完善的区划成果，最终还是要落实到各部门、全社会的执行上，社会认知程度不高，已经成为制约水功能区管理的重要因素。

（2）法律地位不明确。2011 年中央一号文件和此后国务院多个文件都明确提出加强水功能区管理，并将水功能区限制纳污红线列为实施最严格水资源管理制度"三条红线"之一，但这仅限于政策层面。目前法律法规和"三定"规定都未直接明确水功能区划的概念及其地位，水功能区划的权威性不够。现行的水功能区划成果及其要求，主要是通过各级政府的批准，才间接具备对全社会和政府各部门的约束力。而国函〔2011〕167 号文提出要"协调好《全国重要江河湖泊水功能区划》与国民经济和社会发展、主体功能区、土地利用、城市建设等相关规划的关系"，从这种表述中也能看出，水功能区划地位的尴尬。水功能区划作为水资源配置与管理的重要依据，本来应当对国民经济、社会发展、城市建设等涉及水资源开发的活动加以适当制约，实现以供定需，但按照文件精神，需要反过来主动协调与相关规划的关系，这种定位与制度设计值得商榷。

（3）缺乏具体的管理内容。现行法律规定对水功能区划的划定及审批程序规定得很详细，但是除水功能区的监测报告制度外，并没有涉及水功能区划的监督管理。2008 年国务院政府机构改革时，经水利部与中央编办多次沟通汇，最终在其"三定"规定中增加了"监督实施水功能区划的职责"。但在实践工作中，水功能区如何管？管什么？由于缺乏明确的法律规定，虽然作了一些探讨，但是系统的管理制度与保障措施并没有建立起来，管理实践事实上仅以前期区划工作和水质监测等事务性工作为主。近年来中央和国务院相关文件相继对水功能区管理的主要内容进行了初步明确：《中共中央国务院关于加快水利改革发展的决定》提出，建立水功能区限制纳污制度。确立水功能区限制纳污红线，从严核定水域纳污容量，严格控制入河湖排污总量。各级政府要把限制排污总量作为水污染防治和污染减排工作的重要依据，明确责任，落实措施。对排污量已超出水功能区限制排污总量的地区，限制审批新增取水和入河排污口。建立水功能区水质达标评价体系，完善监测预警监督管理制度。《国务院关于实行最严格水资源管理制度的意见》进一步提出：严格水功能区监督管理，完善水功能区监督管理制度，加强水功能区动态监测和科学管理。但以上这些规定过于原则，操作性不强，需要制定配套的法律制度来具体落实。

（4）管理目标偏于单一。水资源是基础性的自然资源和战略性的经济资源，是重要的生态与环境的控制性要素。因此水资源具有资源和环境双重属性，具备多种使用功能，水功能区划制度应当是水的经济功能和生态功能的统一体。但是，现行的水功能区划结果，很大程度上只是提供了实现水功能的水质目标，而其他水量、水生态方面的基本指标则体现不够，难以全面反映水功能区的要求。另外，现行水功能区划制度，仅指江河、湖泊水功能区划，目前探索开展的地下水功能区划工作没有法律依据，是否需要拓宽水功能区划的范围以及两者之间如何统筹等，这些都需要深入研究。

（5）协调机制有待进一步健全。在实践工作中，环境保护部曾按照其"三定"规定中组织编制环境功能区划的职责，组织开展了水环境功能区划工作。近年来作为涉水管理最重要的两个部门，水利部、环境保护部之间就水功能区划与水环境功能区划的关系问题，进行了长达数年的沟通协商，取得了一些成果，如《全国重要江河湖泊水功能区划（2011～2030）》由水利部、国家发改委、环境保护部三家共同上报国务院。但是，部门之间的认识还未真正统一，水功能区划制度与其他部门主导实施的制度之间还需要进一步协调与对接。目前，在部分地区还存在一个水体同一管理目标两套管理体系的情况，一定程度上引发了管理和执行中的扯皮和混乱。①

---

① 王健：《水功能区管理法律问题探讨》，载《华北电力大学学报》（社会科学版）2012年第3期。

2. 水功能区管理立法现状与问题

为了强化水功能区管理，加强水资源的管理与保护，近年国家出台了一系列有关水功能区管理的法律法规。其中既有国家层面的法律法规，如《水法》、《水污染防治法》等；也有国务院相关部门出台的部门规章和规范性文件，如《入河排污口监督管理办法》、《水功能区管理办法》、《水域纳污能力计算规程》、《水功能区水资源质量评价暂行规定》等。这些法律法规的出台和实施，将水功能区管理初步纳入法制化轨道，有力地推进了水功能区管理工作，为有效保护水资源，保障经济社会可持续发展，构建人水和谐环境发挥了巨大作用。

水功能区管理立法存在的主要问题：

（1）法律体系不健全。水功能区管理需要在水行政主管部门主导下，各部门相互配合，社会公众充分参与，发挥各自职责，共同促成管理目标实现。这就需要一部专门性的法规对各部门开展的水功能区管理工作进行规范，并为社会公众参与提供法律保障。然而，在当前的水功能区管理法规体系中，恰恰缺乏这样一部专门针对水功能区管理的法规。

（2）相关法规文件的法律效力不高。当前水功能区管理工作的开展主要依据是《水功能区管理办法》，该办法是水利部颁布的规范性文件；另外与水功能区管理有关的《入河排污口监督管理办法》也仅为部门规章。它们皆属于法律范畴以外具有一定约束力的文件，在国家法律法规体系中处于较低层级，一些内容规定很难得到其他相关部门的认可，造成部分管理制度难以在水功能区管理活动中得到贯彻落实。

（3）现有水功能区管理制度体系尚不完善。

一是缺少有关水功能区法律地位的内容规定。目前，直接涉及水功能区管理的相关法律法规主要是水法，水法对水功能区划的实施主体和审批程序作出了规定，但水功能区的法律地位、水功能区与主体功能区、生态功能区、海洋功能区等之间的关系及其他尚无法律规定。

二是没有建立水功能区管理协调机制。对于水功能区管理，部门之间、流域与区域之间、区域之间，都存在很多需要协调的事项。但现行法律法规既没有对流域管理机构与省级水行政主管部门之间以及各省级水行政主管部门之间就水功能区管理如何加强协调等作出明确规定，也没有明确在水功能区管理中水行政主管部门与环境保护行政主管部门应该如何协作和配合。

三是缺少水功能区管理能力建设相关制度。目前的相关法律法规都没有对如何加强水功能区管理设施装备、如何提高管理人员的业务素质和技术水平等作出规定，这在一定程度上影响了水功能区管理能力的提升。

四是水功能区管理资金保障制度缺失。水功能区管理工作，迫切需要中央和地方政府加大资金投入。但纵览现行有关法律法规，尚缺乏加大水功能区管理资金保障的具体内容规定，这在一定程度上制约了水功能区管理工作的开展。

五是水功能区监督管理的社会公众参与制度缺失。社会公众作为水功能区管理的利益主体，需要对水功能区管理实施监督，一些水功能区设施也需要全体公民自觉维护，但当前的法律法规尚缺乏社会公众参与水功能区监督管理的相关内容规定。

六是没有建立水功能区水质监测的预警与法律责任制度。水功能区水质监测预警，对于保证河流下游水质安全和防止严重水污染事件发生等具有重要作用。另外，水质监测是一项对社会公共利益具有重要影响的行为，必须依据一定的责任制度进行规范。然而，现行相关法律法规，并没有在这方面作出相应的制度规定，从而导致水质监测主体有权无责，不利于水资源保护工作的有效开展。

七是水功能区管理责任和考核制度缺失。目前相关法律法规，尚没有建立水功能区管理的地方政府责任追究制度与考核制度，没有把水功能区的达标率纳入地方政府考核指标体系，不仅造成了地方政府考核指标体系的不完整，对地方政府的考核不全面，也导致了地方政府对水功能区管理缺乏责任心，不能很好地完成水功能区管理工作。

（4）部分水功能区管理制度规定不够细化和明确，缺乏可操作性。一是水功能区监督管理范围及权限划分不明确。《水功能区管理办法》规定，县级以上地方人民政府水行政主管部门和流域管理机构对水功能区监督管理的实施范围及权限由国务院水行政主管部门另行规定。但迄今为止，水功能区监督管理权限尚未得以明确，造成了水功能区监督管理中的错位和缺位问题。二是水功能区划调整制度缺乏可操作性。相关法律法规关于水功能区调整方案的编制和审查论证、调整方案的报批程序等缺乏具体的实施细则。三是限排总量意见落实缺乏可操作性。《水法》第 32 条规定，县级以上人民政府水行政主管部门或者流域管理机构，应当按照水功能区对水质的要求和水体的自然净化能力，核定该水域的纳污能力，向环境保护行政主管部门提出该水域的限制排污总量意见。但对于如何落实水利部门提出的水域限制排污总量意见，则缺乏细致和可操作性的规定。[1]

3. 完善水功能区管理的对策

（1）理顺水功能区管理体制。明确水功能区管理机构及职能，明晰事权划分，理顺中央流域机构与地方的关系，以及水利、财政、卫生、建设、国土资源、环保等部门之间的关系，做到主体明确，职责明晰，避免职责真空和职责交叉。

（2）健全水功能区日常管理制度。一是水功能区排污总量控制制度。明确水域纳污能力核定、水域限制排污总量意见提出与发布、污染物排放总量控制实施方案制定与发布、水污染防治计划制订与实施等相关主体和程序。二是水功能区监测与评价制度。规定由县级以上人民政府水行政主管部门和流域管理机构负责组织水功能区的监测和评价工作，并对水功能区监测与评价的内容和方式作出明确。三是水功能区监测信息的共享、发布与通

---

① 王一文、刘洪先：《我国水功能区管理立法现状与推进建议》，载《中国水利》2012 年第 18 期。

报制度。明确水功能区管理信息系统、数据资源、信息共享平台的建设与统筹主体，确立水功能区信息发布的主体、程序、频率和范围。四是水功能区与其他相关事项的协调管理制度。建立包括与取水许可管理、建设项目管理、河道采砂管理、水资源论证管理、入河排污口环境影响评价管理等衔接的协调管理制度。五是水事纠纷调解制度。建立包括缓冲区水事纠纷调解、过渡区水事纠纷调解、下游用水受损的利益补偿、行政区域之间水事纠纷的协商和裁决、用水户之间水事纠纷的协商和调解等机制。

（3）建立水功能区管理保障制度。一是水功能区管理能力建设制度。应强化水功能区管理设施与技术装备，建设水功能区管理信息系统，加强人员培训与管理队伍建设，不断提高管理人员的业务素质和技术水平。二是水功能区管理资金保障制度。进一步加大中央和地方政府对水功能区管理的资金投入，拓宽水功能区管理资金渠道，提高水功能区管理经费保障能力。

（4）建立水功能区管理的监督与考核制度。建立水功能区监督管理制度，明确水功能区的监管主体、监管权限与监管方式；建立社会公众参与水功能区监督管理的激励机制，鼓励社会公众参与水功能区管理；建立水功能区考核与问责制度，明确水功能检查与考核的实施主体、考核对象、考核方式与问责方式。

（5）积极推进水功能区管理立法工作。

首先，要深化对水功能区管理立法的必要性与紧迫性认识。国务院水行政主管部门要加强水功能区管理立法的宣传工作，使有关方面认识到我国水功能区管理面临的严峻形势，争取国务院法制办公室、环境保护行政主管部门、其他有关部门以及社会公众对水功能区管理立法工作的理解、重视和支持。加强对水功能区管理立法工作的组织领导。国务院法制办公室应会同国务院水行政主管部门和环境保护行政主管部门，建立健全水功能区管理立法责任制，做到立法项目的任务、时间、组织、责任四落实，确保水功能区管理立法工作的顺利实施。

其次，要建立严格而完善的立法程序。要建立严格而完善的立法程序，使水功能区管理立法经过充分的酝酿和斟酌，使立法规定具体详细完整，并切实反映客观实际，强化部门之间的协调与合作。国务院水行政主管部门、环境保护行政主管部门以及其他有关部门在水功能区管理立法工作过程中，应以国家整体利益为重，把广大人民的利益放在第一位，摒弃部门之间的利益之争，深入沟通，同心协力，互相合作，共同把立法工作做好。

最后，要完善水功能区管理立法工作机制。进一步完善立法工作者、水功能区管理实际工作者和专家学者相结合的立法工作机制，发挥三者的工作积极性。拓宽公众参与立法制定工作的渠道，充分利用网络平台，倾听民意，沟通民心，汲取民智。对于立法项目涉及需要协调解决的问题，充分听取各方面的意见，在深入分析研究的基础上提出建设性的解决方案。①

（二）饮用水水源保护制度

1. 饮用水水源保护的独特性

（1）高度重要的公共物品。饮用水水源是为了满足公众的饮水要求而特别划定出来的一类水体。饮用水安全直接关系到人民群众的身体健康，甚至可能影响人民的正常生产生活乃至局部社会安定。因此，饮用水水源管理是一项高度重要的管理工作。饮用水水源地管理的目标是保护饮用水水源，此活动可为众多人口提供服务，因此，具有一定的公共物品属性，应遵循由政府提供或负责符合公共物品提供的原则。同时，为了满足饮水安全的要求，水源水质严于一般功能的水体，对饮用水水源地的管理和保护工作提出了高于一般水体的要求。饮用水保护是中国水环境保护退无可退的底线，其高风险和高度社会敏感的特点，使得在水源地管理中，政府的作用尤为重要。

（2）受益者明确。饮用水水源保护的受益者为从其中取水的供水企业所服务的公众，受益地域的范围等于供水企业供水管

---

① 刘洪先、王亦宁、付健：《关于水功能区管理立法的思考与建议》，载《水利发展研究》2012年第7期。

网覆盖的地区，具有一定的确定性。而受益者是最有动机保护水源的群体。饮用水水源保护受益者的明确性，为确定水源地管理的组织结构、保护成本分担机制和相应的权利配置方案提供了依据。例如，管理中应考虑是否充分发挥了受益者的作用，是否实现使用者付费，是否付费者的权益得到相应保障等。

（3）存在多种地域关系特征。从水源地保护的要求出发，可将与水源地保护相关的地区分为水源地上游地区、水源地所在地区与水源服务地区。水源地上游地区指可能通过向水源地汇水，间接影响水源安全的地区；水源地所在地区的经济活动则直接影响水源安全，从而成为管制的重点对象区域；水源服务地区则是水源保护的受益区。根据三区的地理位置，可以划分出不同的地域关系特征。我国饮用水水源地主要存在三类地域关系：第一种类型，饮用水水源所在地区与服务地区完全重合；第二种类型，饮用水水源地横跨不同行政区，为跨行政区的饮用水水源地；第三种类型，饮用水水源地位于其服务地区之外的其他行政区。三类饮用水水源地，均存在如何在不同地区之间合理分配水源地管理成本、激励影响水源安全的地区进行保护等问题，这是水源地管理中的根本性问题。

（4）饮用水水源保护的外部性。由于水源水质受到上游来水水质和周边排水的影响，在水源地保护中，可能存在水源地无法选择来自上游和周边污染的数量的问题，即上游和周边对水源地施加了外部性的影响；有些水源地为多个地区共享，存在公共物品的特性，部分水源保护可能面临"公地"的问题；有些水源地与服务地区可能不在同一行政区内，还存在水源地保护的效益外溢、保护成本在水源地保护者与受益者之间分配不均等问题，影响到各利益相关方参与饮用水水源地保护的积极性与水源管理的投入，最终影响水源保护的效果。

（5）饮用水水源受流域水质管理的影响。饮用水水源地是根据其社会功能而人为划定出来的水域及其周围陆域，与流域内其他水体之间有天然联系，水源地上游和周边地区的生产、生活活动对水源水质和水量具有较大影响。水资源的任何一部分受到污染，都可能破坏整个循环系统，从而呈现跨区域的特征。但是，根据目前我国水源地管理遵循的属地管理原则，水源地由其所在地政府进行管理，这一制度安排导致水源地管理孤悬于流域管理之外，水源地管理者无法控制流域水质整体恶化对水源的威胁，严重影响水源地的管理效果。[①]

2. 饮用水水源保护的立法现状与问题

我国目前关于饮用水水源保护的立法，主要体现在《水污染防治法》、《水法》和《水污染防治法实施细则》等法律法规中。2008 年 2 月修订的《水污染防治法》用一章规定了"饮用水水源和其他特殊水体保护"，其中的"饮用水水源保护区制度"主要就是对饮用水水源地的保护要求和措施。《水法》在第33 条也规定了"国家建立饮用水水源保护区制度"，要求"省、自治区、直辖市人民政府应当划定饮用水水源保护区，并采取措施，防止水源枯竭和水体污染，保证城乡居民饮用水安全"。同时，在第 34 条规定，"禁止在饮用水水源保护区内设置排污口"。在国家层面的专门立法的是 1989 年 7 月原国家环境保护局、卫生部、建设部、水利部、地矿部联合颁发的《饮用水水源保护区污染防治管理规定》。该《规定》将饮用水水源保护区划分为一级保护区和二级保护区以及准保护区，对不同的区域采取严格程度不同的保护措施。相比国家来说，地方性的饮用水水源地保护立法发展较好。许多省、市都制定了专门的饮用水水源保护的专门立法，比如《辽宁省饮用水水源管理条例》和《四川省饮用水水源保护管理条例》等地方性法规和规章 100 多个。这些立法对于饮用水水源地的保护都发挥了重要的作用。

饮用水水源保护立法规定的主要管理制度包括：

（1）饮用水水源保护区制度。饮用水水源保护区制度是指

---

① 周丽旋、吴健：《中国饮用水水源地管理体制之困——基于利益相关方分析》，载《生态经济》2010 年第 8 期。

根据饮用水源保护的需要，将饮用水源地划分为不同的区域并采取严格程度不同的保护措施的一整套管理规范。《水污染防治法》除明确规定"国家建立饮用水水源保护区制度"外，还对水源保护区的划定主体、报批以及跨界水源保护区的划定等问题做出了比较详细的规定。

（2）饮用水水源保护的应急制度。《饮用水水源保护区污染防治管理规定》规定：因突发性事故造成或可能造成饮用水水源污染时，事故责任者应立即采取措施消除污染并报告当地城市供水、卫生防疫、环境保护、水利、地质矿产等部门和本单位主管部门。由环境保护部门根据当地人民政府的要求组织有关部门调查处理，必要时经当地人民政府批准后采取强制性措施以减轻损失。《水污染防治法》规定：企事业单位应当制定应急预案，并授权环境保护部门在饮用水水源受到污染可能威胁供水安全的，应当责令有关企业事业单位采取停止或者减少排放水污染物等措施。

（3）地下饮用水水源保护制度。我国的地下水污染现象严重，因此很早在立法中就有对地下饮用水源的规定。如《水法》就增加了地下水开采禁限制度。其第31条规定：从事水资源开发、利用、节约、保护和防治水害等水事活动，应当遵守经批准的规划；因违反规划造成江河和湖泊水域使用功能降低、地下水超采、地面沉降、水体污染的，应当承担治理责任。第36条规定：在地下水超采地区，县级以上地方人民政府应当采取措施，严格控制开采地下水。在地下水严重超采地区，经省、自治区、直辖市人民政府批准，可以划定地下水禁止开采或者限制开采区。在沿海地区开采地下水，应当经过科学论证，并采取措施，防止地面沉降和海水入侵。《水污染防治法》对划定地下饮用水源保护区、回灌地下水及相应的法律责任等也作了规定。

（4）饮用水水源保护生态补偿制度。随着经济建设过程中生态问题的日益突出，我国开始注重生态补偿机制的建设。《水污染防治法》第7条规定：国家通过转移财政支付等方式，建立健全对位于饮用水水源保护区区域和江河、湖泊、水库上游地区的水环境生态保护补偿机制。这是我国在法律层面上第一次明确承认生态补偿机制。同时，各地方也积极开展生态补偿的探索性工作，浙江省、北京市等为保护跨区域水源水质安全，都率先探索建立了跨区域饮用水水源保护生态补偿机制。

（5）法律责任制度。法律责任是保证法律实施的重要保障，现行饮用水源保护的法律责任规定主要是责令限期拆除、恢复原状；逾期不拆除、不恢复原状的，强行拆除、恢复原状，罚款和责令停业或关闭等，如《水污染防治法》第49条以及《水污染防治法实施细则》第47条规定："在生活饮用水地表水源一级保护区内新建、扩建与供水设施和保护水源无关的建设项目的，由县级以上人民政府按照国务院规定的权限责令停业或者关闭……利用储水层孔隙、裂隙、溶洞及废弃矿坑储存石油、放射性物质、有毒化品和农药的，由县级以上地方人民政府环境保护部门责令改正，可以处10万元以下的罚款。"

我国在饮用水水源保护立法方面虽然取得了一些成果，但目前仍然存在一些亟待解决的问题。

（1）我国缺少一部专门针对饮用水水源保护的综合性法律或者行政法规。由于各有关制度散见于《水污染防治法》、《水法》等法律中，致使整个立法体系缺乏系统性和协调性，法律体系内部冲突与矛盾的地方比比皆是。比如，《水法》中对违法行为做出规定："在饮用水水源保护区内设置排污口的，由县级以上地方人民政府责令限期拆除、恢复原状；逾期不拆除、不恢复原状的，强行拆除、恢复原状，并处五万元以上十万元以下的罚款。"而《水污染防治法》中则规定："在饮用水水源保护区内设置排污口的，由县级以上地方人民政府责令限期拆除，处十万元以上五十万元以下的罚款；逾期不拆除的，强制拆除，所需费用由违法者承担，处五十万元以上一百万元以下的罚款，并可以责令停产整顿。"由于两部法律中对违法处罚制度的标准设置不一样，导致在行政执法时难以选择处罚标准。

（2）一些立法不能适应新时期和谐社会和可持续发展理念的要求。比如 1979 年制定并于 1989 年修订的《环境保护法》，还有《饮用水水源保护区污染防治管理规定》也是 1989 年制定的，其主要内容是针对当时饮用水源污染不太严重的状况而制定，制定年代较早，法规级别较低，内容过于粗糙，这些传统计划经济体制下的立法产物显然已经不能适应我国饮用水源保护现状的需要。

（3）管理体制缺乏协调性，部门之间权责不明。在管理体制上，当前我国还没有一个专门的综合性管理机构负责饮用水水源的保护和管理，环境保护、建设、农业、卫生、水行政等主管部门分别在各自领域负责饮用水水源的保护和管理。而我国这种条块分割、九龙治水、各自为政的管理体制导致部门间管理权限不明，管理责任模糊，既不利于饮用水水源保护区的监督管理，也满足不了饮用水水源保护区发展的需要。从综合生态系统管理的角度来看，我国的管理体制也难以满足流域系统管理的协调性要求。饮用水源具有生态系统的完整性、跨行政区域性等特性。饮用水源并不因行政区划的分割管理模式而改变其发展规律。而我国目前饮用水源管理过分强调地方利益、部门利益，而忽视从流域上对饮用水源进行保护。此外，地方政府对所在区域的饮用水水源安全的权责也不明确，特别是在流域地区，这种缺失已经与地方保护主义相结合成为饮用水源管理利用和贯彻执行分配饮用水源方案的最大障碍，难以保障区域之间需求选择机会的公平性。[①]

3. 饮用水水源保护的完善对策

（1）饮用水水源地管理体制创新。要突破属地管理的局限，让动机和能力匹配的主体承担相应的管理角色。现有饮用水水源地属地管理原则，容易导致出现水源地保护效益外溢和水源地管

---

① 王灿发：《饮用水水源地保护亟须专门立法》，载《环境保护》2010 年第 12 期。

理孤立于流域之外等问题，应代之以受益者负责原则。受益者负责原则主要是利用水源地受益地区的可确定性，由水源地服务地区政府代表该地区的饮用水消费者承担水源保护成本。在受益者负责原则下，进行饮用水水源地管理体制调整。必须改变目前仅由水源地所在地政府进行水源地管理的现状，让动机与能力匹配的主体承担相应的管理角色。

（2）应充分考虑水源地管理中所在地与服务地之间的关系。饮用水水源地位于服务地区政府的辖区（市或县）内的，可直接由水源地服务地区政府进行水源地管理。饮用水水源地位于服务地区政府的辖区之外，且水源地所在地政府辖区与服务地区政府辖区相邻的，可由服务地区政府的上一级政府（一般为省政府）进行水源地管理。例如天津市于桥水库，位于蓟县，供水服务区域为天津市市区，目前由蓟县环保局负责管理。于桥水库水源地所在地区域服务地区均在天津市政府的辖区内，应由天津市政府承担其管理职责。饮用水水源地位于服务地区政府的辖区之外，且水源地所在地政府辖区与服务地区政府辖区之间存在其他行政区，则由该水源地所在地政府进行管理。此时事实上形成了水源地服务地区与所在地区之间的委托——代理关系，必须进一步考虑按照"激励相容"的原则设计管理机制，包括建立有效的饮用水水源地保护资金机制，确保由服务地区承担水源保护成本。例如，河源市万绿湖饮用水水源地向下游广州、东莞等市供水，上下游之间间隔其他行政区，目前万绿湖由河源市政府负责管理，可保留该安排，并通过建立政府间财政转移的办法，由下游的广州、东莞等市向河源市支付水源地管理成本，并通过联合监测或信息共享的方式加强对所在地管理活动的监督，以保障付费者的利益。

（3）提供途径，将重要利益相关方纳入。针对目前饮用水水源地管理中部分非政府关键利益相关方未能参与管理决策的问题，应根据各利益相关方自身的利益要求和权力特点，创造适当的途径，逐步引导上述利益相关方进入饮用水水源地管理决策过程。对于水源地相关各地区的公众，应通过构建水源保护公众参与机制，建立起公众表达水源保护权力与利益的渠道。对于流域内企业，应通过严格的环境监督管理和水源保护教育，约束其排污行为。同时，可通过设立饮用水水源地保护基金，向企业的污染治理项目提供资金补助，激励企业自觉寻找高效、低成本的治污措施，该补助金占项目总投资的比例最好控制在一定比例之内，确保更多地调动企业自身的治污资源。对于供水企业，应加强供水企业与水源地日常管理机构之间的联系，供水企业定期向水源地日常管理机构提供水源监测报告与建议，发挥供水企业对水源地管理活动的监督作用。对于公众和 NGO，可通过进一步完善饮用水水源管理的公众参与机制，激励公众及 NGO 对水源地管理行为进行监督。同时，充分发挥 NGO 在饮用水水源保护知识教育、联系和发动群众、对水源污染行为的监督等方面的作用。

（4）将水源地管理更充分地纳入流域管理体系。对于饮用水水源地所在流域已经成立流域管理机构的，可考虑在流域管理机构内下设流域饮用水水源管理协调机构，利用该平台实现水源地服务地区、所在地区与上游地区之间在水源保护相关事宜上的对话与谈判，协调各地区利益冲突。协调机构由水源地服务地区政府、所在地政府、上游地区政府和流域管理机构代表组成。工作方式采取定期会议和协议的方式，对涉及水源地管理的问题进行沟通、协商，特别是上下游生态补偿标准的确定等，保证水源地管理政策在全流域实施。随着公众参与机制的不断成熟，在各利益相关方在信息获得、自身能力等方面均允许的情况下，通过立法与上级政府的引导，可最终考虑引入政府之外的利益相关方，参与水源地流域管理协调委员会。[1]

（5）建立饮用水水源保护专项基金制度。饮用水水源保护

---

① 周丽旋、吴健：《中国饮用水水源地管理体制之困——基于利益相关方分析》，载《生态经济》2010 年第 8 期。

专项基金是指从特定来源形成并专门用于饮用水水源保护事项的资金。饮用水水源保护专项基金性质属于政府性基金，金额纳入地方财政预算管理，实行专款专用，由中央、省（自治区、直辖市）、市、县等环境保护行政主管部门管理，一般通过设在各级环境保护主管部门中的饮用水水源保护专项基金管理机构来具体运作，各级饮用水水源保护专项基金管理机构负责饮用水水源保护专项资金规划的编制及实施、专项基金使用的审批等。饮用水水源保护是十分重要但又很复杂的系统工程，资金支持是保障饮用水安全的前提。我国可在借鉴国外成功经验的同时，参考已经建立的其他相关环境保护基金制度，制定《饮用水水源保护专项基金管理办法条例》，建立起适合我国国情的饮用水水源保护专项基金制度。在《饮用水水源保护专项基金管理办法条例》中明确立法指导思想和立法目的，确定专项基金管理机构及其职责、资金使用、法律责任等。[①]

（6）尽快制定饮用水水源地保护的专门性法律或者法规。我国目前虽然有一些关于饮用水水源地保护的法律规定，但却没有一部饮用水水源地保护的专门法律法规。环境保护部虽然在几年前就已经组织专家起草《饮用水水源保护条例》，但由于种种原因却未能列入国务院的立法计划。现在，环境保护部等五个部门制定了《全国城市饮用水水源地环境保护规划（2008～2020年）》，为专门的饮用水水源地保护立法提供了基础，同时也使得立法需求更加迫切。如果说我国现在还不能像美国、加拿大等国家那样制定专门的《安全饮用水法》，至少应当尽快制定和颁布《饮用水水源地保护条例》，以便为饮用水保护提供完整、全面、具体的法律根据。[②]

---

① 廖霞林、曾金娥：《我国饮用水水源保护专项基金制度研究》，载《中国地质大学学报》（社会科学版）2009年第6期。

② 王灿发：《饮用水水源地保护亟须专门立法》，载《环境保护》2010年第12期。

第三章 最严格水资源管理制度的实施保障

一、立法保障

（一）水法规体系的完善

1988 年水法的诞生，标志着我国治水事业开始步入法制化轨道，2002 年《水法》修订、2008 年《水污染防治法》修订和2010 年《水土保持法》修订则标志着我国水法规体系日臻完善。目前，由 4 部法律、18 部行政法规、50 余件部门规章及 800 余件地方性法规、地方政府规章所组成的适合我国国情的水法规体系基本建立。

在新的历史条件下，中央决定实行最严格的水资源管理制度，对水法制建设提出了更新更高的要求。实行最严格水资源管理制度是一个涵盖立法、司法、执法和守法四个方面的法治运行过程。实行最严格水资源管理制度，必须建立与其相适应的水法规体系。

建立健全与最严格水资源管理制度相适应的水法规体系，首先，要把中央关于实行最严格水资源管理制度的决定和政策措施，以法律形式固定下来。例如，建立用水总量控制制度、建立用水效率控制制度、建立水功能区限制纳污制度、建立水资源管理责任和考核制度、建立和完善水权制度等，都应由水法规进行规范。其次，要通过完善现有水资源管理法规体系，尽快制定与最严格水资源配置、节约、保护相对应的配套法规。例如，制定地下水管理条例、节水条例、水资源保护条例、水资源论证条例、水功能区管理条例等行政法规。再次，要梳理现行的水资源管理法律制度，调整与实行最严格水资源管理制度不相适应的制度或规定。例如，关于取水总量控制与限批新增取水、用水定额管理、地下水管理、水生态系统保护与修复、水资源保护与水污染防治协调等规定和要求，都是现行水资源管理制度中缺少或者规定不够严格的内容。[①] 最后，抓紧制定当前急需的水资源节约与保护、地下水管理等方面的技术标准，完善水资源管理技术标准体系。

（二）修订《水法》

《水法》是水资源管理方面的基本法律，为了把最严格水资源管理制度落到实处，应根据有关政策文件、落实最严格水资源管理制度的要求，对水法适时进行修订。修订水法应当解决好以下问题：

1. 水资源界定范围的拓展问题

根据《水法》第 2 条的规定，水资源包括地表水和地下水，但是实践证明，空中水（气态水）的开发利用、保护和管理等应上升到法律的高度予以规范，应纳入《水法》。这样才有助于制定和实施我国开发利用空中水资源的中长期战略规划，大力推进以增加水资源为目的的空中水资源工作，使开发空中水资源由旱区应急作业向江河、湖泊、库区水域源头作业拓展；加强空中水资源开发的监测、指挥和作业现代化水平，使地方临时性抗旱资金转变为稳定的投入机制，加快重点地区空中水资源的工程建设。空中水资源是可持续利用的淡水资源中最重要的来源，是地表水和地下水的最终补给来源，在陆地水循环和淡水资源演化中具有十分重要的作用。我国年平均空中水资源总量约为 18.2 万亿 m^3，且空中水循环周期最短（约为 8 天），可开发利用的潜力较大。人工增雨是利用科技手段开发空中水资源的有效途径。据统

---

① 高而坤：《建立符合国情的最严格水资源管理制度》，载《中国水利》2012 年第 7 期。

计，1995～2004年我国通过人工增雨增加降水2600多亿 m^3，减轻了干旱对国民经济特别是农业的不利影响，发挥了显著作用。

2. 流域管理与行政区域管理的事权划分问题

《水法》规定国家对水资源实行流域管理与行政区域管理相结合的管理体制，但其未解决流域管理与行政区域管理的事权划分问题。按照《水法》的规定，流域机构的职权来源于法律、法规和水利部的授权；县以上地方水行政主管部门按照规定的权限行使职权。虽然《水法》在有关章节中明确了流域机构的管理事项，但在实际管理工作中，还需要明确界定一些具体的职权范围，如取水许可制度和水资源有偿使用制度的管辖范围，水政监督检查及实施水行政处罚的范围等；否则，流域管理机构和县以上地方水行政主管部门在水行政管理、执法上势必存在着职能交叉或区域重叠的问题。尤其是在水行政执法方面，由于现行的水法律、法规或规章未对执法权限作出原则规定，更没有对执法事权作出明确的、具体的规定，容易造成执法行为错位、缺位或越位，应根据《水法》对流域机构法律地位的确立，在配套的法规、规章或规范性文件中进一步加以明确和完善。

3. 节约用水问题

我国是一个贫水国家，《水法》虽然确立了行之有效的各项节约用水管理制度，如建设项目的节水设施"三同时"制度，耗水量大的落后工艺、设施淘汰制度，用水计量收费和超定额累进加价制度等，形成了从规划、设计、建设、利用、消费、流通到资源再生等各个环节比较完整的节水管理制度体系，但对取用水单位和个人浪费水的行为，未规定任何法律责任，应在《水法》修订中进一步予以明确。同时，尽快研究和制定《节水法》或《节约用水管理条例》，明确节水减排和节水型社会建设的配套政策、资金保障等法律、法规依据；明确城市自来水用水计划下达与超计划、超定额用水加价收费的政策依据。

4. 水资源有偿转让问题

利用水市场优化配置水资源，是一个重大的课题。《水法》

未对水资源有偿转让问题作出规定。我国是一个水资源短缺的国家，为促进水资源的合理配置、高效利用和有效保护，缓解水资源供需矛盾，必须加快建立和完善水权、水市场机制，明晰供需权益关系。水权制度是适应市场经济要求提出的一种新的水资源管理制度，是划分、界定、配置、调节、保护和实施水权，确认国家和用水户之间权、责、利关系的规则，是从法制、体制、机制和水权、水价、水市场等方面对水权及其交易进行规范的一系列制度的总和，应由水资源所有权、使用权和水资源使用权流转、水市场建立等部分组成。水利部虽已出台《关于水权转让的若干意见》，明确了水权转让的原则、限制范围，并对水权的转让费和期限进行了原则性规定，有利于推动我国的水权制度建设，但未上升到法律、法规层面。

5. 水资源保护问题

《水法》虽然增加了水资源保护的内容，对水资源保护从水资源规划、开发、利用、配置、调度、管理、监测等方面作了明确规定，体现了"在保护中开发、在开发中保护"的原则，实现了从忽视水量和水生态保护转变为生产、生活、生态用水统筹兼顾，从以监测为主的被动管理转变为以功能区划监督管理为核心的主动管理，从污染源的区域分散控制转变为以功能区为单元的流域总量控制管理，从水利行业化管理转变为资源社会化管理四个根本性转变，但是其内容依然不足，主要表现在以下几个方面：

一是有关水资源保护方面的规定，如水功能区划等，需要抓紧制定相关的法规、规章，对污水入河排放浓度和河流纳污总量实行双重控制，要加大对入河超标、超量排污单位和个人的行政和经济处罚力度；

二是在整个结构中对水资源的经济价值与生态价值的并重问题注意不够，对污水资源化的提倡和政策、资金等扶持问题注意不够，要建立水资源保护与水环境治理的专项资金，尽快出台对污水资源化、厂际串联用水和废水零排放企业的优惠与鼓励政策；

三是对水资源保护的内容仍不够完善，应增加水生态修复等内容，健全和完善核定水域纳污能力、提出限制排污总量意见后的监督管理制度。

6. 水生态补偿机制问题

水生态补偿机制包括水资源开发、利用与保护过程中对水资源生态价值的补偿、水资源不同功能间的价值补偿、水资源利用者对水资源保护者的补偿、受益者对受害者的补偿等内容。《水法》虽然规定了水资源费、水费等有偿使用的内容，但并未建立完善的水生态补偿机制。水生态保护应落实责任制，省、市、县界要按照水功能区管理要求，设立水质交接断面，定期监测水质，下游要求上游水质达标，但不能只受益不补偿，上游也不能只保护不发展。目前，仅采用国家财政转移支付等办法用于水生态补偿，一是不直接、难长效，二是稳定性不够，应建立明确的、长效稳定的补偿机制，完善地区开发性补偿、水源保护补偿等水生态补偿机制。

7. 施工队伍非法凿井的法律责任问题

《水法》第65条和第69条虽然分别对未经水行政主管部门或者流域管理机构同意而擅自修建水工程和未经批准擅自取水、未依照批准的取水许可规定条件取水的，明确了项目建设单位的法律责任。但对取水工程施工队伍缺乏明确的管理规定和处罚条款。尤其是在对非法凿井案件的处理过程中，亟待在《水法》修订或配套的法规中明确对凿井施工队伍相应的强制措施和处罚条款，从而从源头上遏制非法凿井问题，维护地下水资源管理的良好秩序。目前，对这类凿井施工队伍没有任何措施约束，是造成违法取用地下水行为屡屡发生、增加水行政执法难度和经费支出的主要原因。

8. 农村水厂供水问题

《水法》规定了对农村水厂取用水的管理和拒不缴纳、拖延缴纳或者拖欠水资源费的处罚条款，未明确用水户拒交水费、破坏供水管网和污染供水水源的管理规定及其应当承担的法律责任，导致了农村供水只依靠地方派出所依据《治安管理处罚法》的有关规定来处理，没有具体的处罚依据，难以适用。为减轻农民负担，国家规定免征农村生产限额内用水与农民生活用水水资源费后，农民未得到真正实惠，反而将国家所有的水资源费流失到承包人或经营者囊中；对其应先征后返，既可解决集镇水厂供水对象中农民身份的界定困难，又可扭转农村用水的失控趋势，将水资源费全额返还并用于其供水管网的分批改造或水源结构调整，杜绝新一轮地下水超采区的产生。同时，应尽快出台农村自来水管理办法，因地制宜，加大投入，调整水源结构，改造供水管网，有效降低漏失率，提高水厂的管理水平，保障农村居民饮用水安全。①

（三）制定《长江法》

1. 制定《长江法》的主要理由

（1）制定长江法是充分发挥长江水资源对国民经济支撑作用的客观需要。长江流域横跨我国华东、华中、西南三大经济区，地理位置优越。长江流域多年平均水资源总量 9985 亿 m^3，约占全国水资源总量的 36%，约是黄河水资源量的 20 倍；单位面积的水资源量为 56 万 m^3/km^2，为全国平均水平的 1.9 倍，是黄淮海地区的 4 倍。长江不仅水量丰沛，而且位置居中，是我国南水北调三条线路的水源地，对于解决华北平原，特别是京津塘地区的严重缺水问题，对于解决我国水资源短缺的基本矛盾，支撑、保障、促进我国经济社会全面发展具有不可替代的重要地位。但是，长江流域水资源的时空分布极不均衡，降雨多集中在 5～9 月，且多以洪水形式出现，流域治理和开发利用的任务十分艰巨。长江不仅水量大，而且沿岸城市众多，涉及多个行政区域和行业部门，沿江已形成一条高速发展的经济带，因此，无论是汛期洪水调度，还是非汛期的水资源调配和保护，都十分复杂

---

① 陈红卫：《〈水法〉修订与配套政策的理论研究》，载《治淮》2008 年第 4 期。

和艰难。为了做好流域内水资源的合理配置，协调好流域内用水和流域外调水，支撑和保障经济社会的全面发展，需要专门为长江制定一部法律——长江法。

（2）制定长江法是创建长江流域综合统一管理体制的需要。追求长江流域治理、开发、保护和管理的最大综合经济效益、社会效益和环境效益，必须实行综合统一的流域管理体制。水的自然流域统一性和水的多功能统一性，客观上要求按流域实行统一管理。长江流域治理、开发、保护和管理的特殊性，即水资源战略地位最重要，治理、开发、保护任务最艰巨，涉及行业区域最众多和流域管理最艰难，决定了必须建立综合统一的流域管理体制。长江干流流经 11 个省、区、市，支流布及 8 个省、区，直接涉水行业有水利、电力、环保、交通、海事、城建、国土、地矿、林业、渔业、旅游、卫生 12 个。条块分割和各行其是严重影响到流域统一管理。应当在长江流域建立"一龙管水，多龙治水"的良好秩序和相关制度，将 19 个行政区域和 12 个涉水行业和部门的权益纳入流域综合统一管理的轨道。在长江创建综合性的流域管理体制，需要制定综合性的长江法。创建长江流域的综合统一管理模式，其一，需要通过体制改革和制度创新，设立综合性的"长江流域水管理委员会"，该委员会中要有主要行业部门、行政区域和用水大户的代表，委员会的决策要有权威性，要充分体现流域综合统一管理的意志和追求最大综合效益；其二，需要通过制定长江法，以法律的形式将新创立的流域管理体制固定下来；其三，由于新体制的建立有一个过程，还需要通过制定长江法来推进这一新体制的建立和完善。

（3）制定长江法是完善长江流域水法规体系的需要。随着我国经济建设和水利事业的快速发展，流域管理和水法规建设正在逐步加强，《水法》、《防洪法》、《水土保持法》、《水污染防治法》以及《河道管理条例》等水法规，确定了流域管理的法律地位，奠定了流域性水法规的立法基础。上述水法规是水事方面的一般法，是迄今为止对水事行为最全面、最完善的法律规范。这些水法规适用于全国，也适用于长江。另外，这些水法规尚不能满足长江流域涉水事业发展的客观需要，尚不能有效解决长江流域日益严重的特殊水问题和水矛盾。

第一，这些水法规体现了我国立法的一般特征，即各项规定比较原则和抽象，缺乏可操作性。

第二，它们只是水事方面的一般法，体现了各流域带共性的东西，而对于各流域特殊性的问题则难以涵盖，特别是对长江流域诸多特殊的矛盾，只有制定有针对性的特别法才能得以解决。

第三，它们更多的是过去水事经验的总结及各方权益妥协的结果，缺乏预见性和前瞻性，对于长江流域出现的许多新情况和新问题尚需制定新的法律才能解决。

第四，在"全国—流域—区域"三个层次的水管理体系中，在"全国性水法规—流域性水法规—地方性水法规"三个层面的水法规体系中，流域水管理层次最乏力，流域性水法规最薄弱；流域性水法规的现状与加强流域管理的客观要求特别是长江流域管理的现实要求极不适应。

因此，进一步完善流域水法规体系，全面规范和调整长江流域管理中的各种水事行为和水事关系，系统解决长江流域统一管理中的诸多特殊矛盾和问题，需要尽快制定和出台特殊的长江法。

（4）对三峡水库实行综合统一的流域管理迫切需要制定长江法。三峡枢纽是长江流域的控制性工程，从2002年6月起三峡水库开始蓄水运行。作为长江防洪体系中的控制性骨干工程，三峡工程有举足轻重的作用，它既是水电工程，更是防洪工程和生态工程。随着三峡工程临近竣工，三峡水库的管理权问题提上了重要日程，三峡水库脱离和肢解流域管理的倾向日渐突出，严重影响和损害了三峡工程综合效益的充分发挥。三峡水库是河槽型水库，三峡大坝至重庆600余千米，是长江干流的重要河段和不可分割的组成部分。为了将三峡水库的调度管理纳入长江流域统一管理的轨道，加强三峡水库在防洪调度，库区河道和库区水资源保护，库区水土保持以及枢纽下游河道保护等方面的管理，发挥三峡工程的最大综合效益，迫切需要制定长江法。要通过制定长江法，进一步明确流域管理机构对三峡水库的宏观管理职责，在三峡水库管理中确立"流域管理—区域管理—水管单位管理"三个层次相结合的新型管理体制，将《水法》确立的"流域管理与行政区域管理相结合"的管理体制落到实处。

（5）协调南水北调工程运行管理与优化流域水资源配置迫切需要制定长江法。南水北调工程是解决我国北方缺水的重大基础设施和战略举措，规划从长江上、中、下游三个区域调水，形成西、中、东三条调水线路，与长江、淮河、黄河、海河互相沟通，构成我国水资源"四横三纵、南北调配、东西相济"的总体格局，实现我国水资源的跨流域优化配置。目前东线、中线工程已经开工；西线的前期工作正在抓紧进行。长江流域是南水北调工程的水源地，长江流域水资源的科学配置和合理调度，是南水北调工程成败的关键。为了规范调水区与受水区的各种复杂关系，实现工程运行调度和流域水资源统一管理的有机结合，有效保证调水水量和水质，以及水资源的科学合理利用和优化配置，充分满足经济发展用水、城乡生活用水、防洪安全用水、生态环境用水等多种需求，既确保南水北调工程综合效益最大化，又确保长江流域水资源可持续利用和经济社会可持续发展，迫切需要制定长江法。

（6）强化长江流域水资源保护迫切需要制定长江法。近年来，随着人口的增长，工农业生产和城镇建设的迅速发展，长江流域废污水排放量呈逐年增加之势，严重影响到长江总体水质，影响到沿江人民的生活质量，影响到经济社会现代化进程。尤其是干流近岸水域污染未能得到遏制，支流污染严重，湖泊富营养化继续发展，"白色污染"有增无减——影响长江水质的四大问题备受政府和专家关注。为了进一步加大流域水污染防治力度，有效遏制水污染，将排污总量控制在长江自然净化能力的范围之内，修复和维持长江流域的良好水环境和水生态，迫切需要制定

《长江法》。①

2.《长江法》的主要内容

《长江法》应依据已有的《水法》、《防洪法》、《水土保持法》、《水污染防治法》等法律，从长江的特点出发，着重解决好以下主要问题：

（1）流域水资源管理体制。目前，长江流域管理机构作为国务院水行政主管部门派出机构的模式，在实践上存在局限于水利行业、难以实施跨行业的流域综合管理、较难协调地方政府等问题和困难。制定《长江法》，必须进一步明确流域管理机构的性质，在现有流域管理机构的基础上，扩大其管理权。同时，必须明确划清水行政主管部门与开发利用部门的关系、长江流域管理与地方政府管理的关系以及相互间的职责与权限。

（2）流域规划滞后与贯彻不力。1955年长江流域规划工作全面展开，1959年提出了规划要点报告。1983年开始了对规划要点报告的修订补充工作，1990年国务院审查批准了《长江流域综合利用规划报告》。进入21世纪，随着经济社会的快速发展和西部大开发战略的实施，迫切需要以维护健康长江、促进人水和谐为基本理念的治江思路，重新研究制定长江流域规划。各部门涉水规划和水资源专业规划都应当服从水资源综合规划，以避免出现资源属地化和利益部门化。发达国家的经验表明，水资源综合规划需要根据时代的发展定期进行修订，而且需要制定相应法律和法规维护其权威性。

（3）流域水资源的权属、配置和使用。总体上，长江流域水资源总量丰沛，但仍然存在水资源时空分布不均的问题，随着经济社会的快速发展，对水资源质和量的需求日益提高，因此，必须进行流域内水资源的优化配置。同时，随着南水北调等跨流域调水工程的实施，考虑流域外用水的水资源优化配置问题也已经提上议事日程，迫切需要《长江法》加以规范和指导，明确

---

① 萧木华：《制定长江法的十大理由》，载《水利发展研究》2004年第12期。

调水、用水等各方的权利和义务，以确保长江流域水资源合理、有序、高效地开发利用。

（4）流域水资源治理、开发、节约、利用、保护。进一步明确地方政府在防洪、水资源保护、水土流失治理等方面的责任。要按照在保护中开发、在开发中保护的基本原则，处理保护与开发之间的关系。结合长江流域的特点，明确水功能区的管理职责。推行节约用水，为建立节水型社会提供法律准则。

（5）流域治理的投入。长江流域治理需要大量资金的长期投入。因此，必须建立长期稳定的资金投入渠道，才能保障长江流域的有效治理。通过制定《长江法》，建立和规范长江流域管理的财政制度，包括各类性质的水工程国家与地方的投资责任和负担比例，国家投资的管理与回收，有关流域水资源的行政性收费、管理和分配。

（6）流域执法监督。《长江法》要对江河分级管理和监督做出明确规定。建立流域水事纠纷解决原则和机制，明确水事纠纷中的法律责任。进一步明确流域管理机构的执法监督权，协调、处理流域内重大的涉水事务的职权，以及与地方行政区管理的事权划分。[①]

（四）制定《黄河法》

1. 制定《黄河法》的必要性

（1）制定《黄河法》有助于加强对黄河水资源的流域管理。国家设立流域管理机构的目的就是要通过流域管理，确保流域的整体利益，并协调流域内各地区、各部门之间的关系。长期以来，流域管理机构和流域内各地区、各部门在维护流域整体利益、协调流域与各地区、各部门之间的局部利益过程中发挥了重要的作用。随着社会主义市场经济体制的逐步建立和完善，各地区、各部门局部利益与流域的整体利益之间的冲突逐渐显现，流

---

① 余富基、刘振胜、萧木华：《〈长江法〉立法问题的提出及立法思考》，载《人民长江》2005 年第 8 期。

域管理的协调作用就显得更加重要。为了避免流域内各地区、各部门争相抢引有限的黄河水资源，国家在 1987 年批准了黄河流域内各省区引取黄河水资源的分水方案。为确保黄河水资源的有效利用，国家在 1998 年年底批准了黄河水量调度的规范性文件。自 1999 年以来的黄河调水实践证明，流域管理机构在贯彻实施上述规范性文件的过程中扮演着不可替代的作用。但是，流域管理机构实施调度管理所依据的大多是靠国家的行政命令，而不是稳定而具体的法律规定。通过制定《黄河法》，可正确确定流域管理机构与流域内各地区、各部门在黄河治理开发中的职责权限，明确流域管理制度，规范开发利用黄河的各项水事行为。

（2）制定《黄河法》有助于降低黄河洪灾所造成的损失。黄河是一条世界闻名的多泥沙河流，泥沙淤积，暴雨集中，黄河洪水始终是国家的心腹之患。20 世纪 80 年代以来，黄河流域内降雨量偏小，中上游水利开发利用过度，引水量增多，造成黄河河道淤积严重，特别是中下游河道主槽不断淤积抬高，主槽过流能力小，现已形成河道主槽高、滩区低、堤根洼的滩区地形，因而小流量漫滩的概率大大增加。由于大量泥沙不断淤积，造成下游"悬河"形势严峻。目前黄河下游河床普遍高于两岸地面，比新乡市高出 20m，比开封市高出 13m，比济南市高出 5m。行水的河槽又普遍高于河滩地，"二级悬河"形势严峻。

黄河下游是"悬河"，洪水全靠两岸大堤约束。而黄河下游堤防是在历史上遗留下来的民埝基础上不断加高培修而成的，基础条件复杂，土质都是沙质土壤，堤身质量不均，虽经多年加固处理，仍存在老口门、背河渗水及管涌、堤身裂缝、洞穴等许多险点隐患和薄弱环节。黄河来水量 60% 在汛期，汛期又主要集中来自几场暴雨洪水，这一特点给下游防洪造成极大困难。

已经颁布的《防洪法》、《蓄滞洪区运用补偿暂行办法》等防汛抗洪方面的法律、法规，极大地促进了黄河防汛抗洪工程措施和非工程措施的发展。但是，由于黄河特殊的情况，需要根据防汛抗洪法律、法规的普遍规定，对黄河防洪体系与制度的建设、运行与调度，黄河河道和堤防工程建设的规划、审批与监督，黄河水文情报预报体系的建设、运行，滩区与蓄滞洪区安全建设与管理，防洪投入保障体系，流域管理机构和地方政府在防汛指挥中的职权分工等制定出适合黄河情况的专门内容。而制定《黄河法》则是唯一切实有效的手段。

（3）制定《黄河法》有助于对有限的黄河水资源进行合理配置。黄河水资源是除四川省外的流域内 8 个北方省区生活、生产的主要水源。目前，黄河流域灌溉面积已经达到 733.33 万 hm^2，为流域内外 50 多座大中城市以及中原、胜利油田提供水源保证，解决了流域内农村 2727 万人饮水困难，对流域国民经济和社会发展起着不可替代的作用。但是，流域各地区、各部门在进行国民经济和社会发展规划时并不是根据以水定产、以水定规模。一些地区、部门争相上高耗水、污染严重的化工、造纸等项目，盲目大面积垦荒种植，争相抢引有限的黄河水资源。这些做法一方面加剧了黄河水资源的紧缺程度，另一方面也使当地的经济和社会发展陷入被动。为了改变这种局面，应当通过制定《黄河法》，确立水资源论证等法律制度，对流域内地区、部门进行的国民经济和社会发展规划以及城市规划、重大建设项目的布局等活动进行专项论证，加强对黄河水资源的配置管理，使流域地方经济和社会的发展与黄河水资源的供给状况相适应。

（4）制定《黄河法》有助于提高黄河水资源的利用率。目前，黄河水资源的开发利用率已经达到 50% 以上，但是流域内农业、工业和城乡居民生活用水的节水潜力仍然很大；一些地方仍然是大水漫灌，工业用水的重复利用率只有 30% 左右；城乡居民生活用水中的节水意识欠缺。流域节水工作发展缓慢的一个重要方面就是缺乏相应的法律制度。通过制定《黄河法》，可完善节水法律规定，引入经济调节手段，确立流域内各级人民政府在节水工作中的主导作用，对工农业生产和城乡居民生活用水实行配给制度，大力开展节水技术研究与推广，提高有限的黄河水资源的利用效率。

（5）制定《黄河法》有助于改善流域水质恶化的状况。自20世纪90年代以来，排入黄河的废污水总量达42亿吨，比80年代初增加了一倍。随着西部大开发战略的实施，流域经济和社会加速发展，排入黄河的废污水总量持续上升。由于废污水的大量排入，造成1999年年初黄河干流潼关以下发生大面积的、震惊全国的水质事件。造成水污染的原因，一是用水量和排污量大的企业多，特别是90年代以来，流域内乡镇企业飞速发展，已在东中部不能存在的小造纸、小化工等污染严重的小企业向西北转移，虽经政府几次关停，但仍禁而不止，且有发展势头。二是对污染源缺乏有效监督，工业废水污染治理、城市污水处理厂建设严重滞后。据统计，流域城市污水处理率仅8.8%，达标率仅为5.5%。三是黄河水量少，环境容量小，加之河道外取水量的增加，稀释自净能力降低，更加剧了水质恶化。通过制定《黄河法》，可确立入河排污许可、污染物排放总量控制等法律制度，遏制黄河水污染加剧趋势，依法保护和管理水质。

（6）制定《黄河法》有助于遏制水土流失。黄河危害，根在泥沙。做好黄土高原的水土保持工作，是治黄的根本。新中国成立以后，党和政府把黄土高原列为我国水土保持工作的重点地区，开展了大规模的治理活动。经过不懈的努力，已取得了明显成效。黄土高原水土流失治理的成功经验就是把水土保持与生态建设和农民的脱贫致富结合起来，更好地调动农民的积极性。通过制定《黄河法》，将上述成功的经验予以法律化，并大力推广，以改善黄土高原和整个流域的生态环境。[①]

2.《黄河法》立法原则和目标

（1）坚持黄河水资源的国家所有权原则。《宪法》第9条规定：矿藏、水流、森林、山岭、草原、荒地、滩涂等自然资源，都属于国家所有，即全民所有。水资源国家所有权指国家对水资

源享有占有、使用、收益、处分的权利，主要表现为国家对水资源进行调动和支配的权利。虽然国家将水的使用权授予水行政管理部门进行管理，但水权的所有性质不会改变。水的流域性是由水系自然特点决定的，流域统一管理只是管理的外在形式，是系统资源环境的合理开发与保护的需要。但是，目前在水管理过程中对水资源还存在认识上的不统一，特别是一些地方水资源管理工作者对黄河水资源的国家所有权认识不足。黄河立法在本质上必须强调这一基本原则。

（2）体现鲜明的黄河特色和针对性。黄河是一条特殊的河流，在立法中必须从黄河水环境系统的实际出发，在保证与我国已颁布的水法律、法规相协调的基础上，针对黄河自身独特的流域问题，根据黄河流域管理目标需要，对黄河水事关系作出重点的法律规范。因此，黄河立法必须立足黄河、针对黄河、突出黄河河流的特点。

（3）明确黄河法各调节主体之间的权利和义务。黄河流域面积广大，水事活动涉及的主体也非常广泛，包括处于管理地位的流域委员会、流域内各行政区、流域邻近行政区政府及水事经济活动中平等主体的法人、其他社会组织、个人等，且上下游、左右岸在治理开发中应承担的义务也有所区别，因此，黄河立法必须公正、平等地反映各调节主体间的社会经济关系。黄河立法既要调整横向管理职能又要调整纵向经济职能，在立法起草过程中就应广泛听取各方面的意见，使各行业、各部门主体间应承担的权利和义务对等协调，达到各主体责、权、利的统一。明确黄河水利委员会代表国家行使黄河水行政管理的权威职能，通过立法把水利部制定的黄委会"三定"方案及其他水利法规确定的流域管理职责以法律形式确立下来。通过立法调整黄河水事经济活动关系，依法推进黄河管理，巩固和发展黄河水利基础产业，促进黄河流域政治、经济、社会的可持续发展。

（4）借鉴经济立法过程中取得的成功经验并适当超前。流域立法是我国水立法面临的新课题，目前还缺乏这方面的经验，在黄河立法时有必要借鉴我国现行经济立法过程中的诸多成功经验，特别是我国水经济立法取得的成功经验。另外，从黄河实际出发，遵循市场经济的共同规律，还有必要大胆借鉴和吸取国外流域立法的成功经验，对国外流域立法的结构、形式等立法技术问题予以高度重视。我国市场经济尚处在发展时期，黄河水利市场经济也在进一步健全和完善，一些水事经济关系还难以界定，出现的新情况、新问题亟待研究解决，比如跨流域调水、黄河上游水能开发等方面都不应局限于当前的社会经济管理形式。黄河的治理开发是长期的，为了保证《黄河法》稳定性、连续性、相对性的统一，在黄河立法中必须有超前意识。①

二、司法保障

（一）加强水资源刑事法律保护

1. 我国水资源刑事法律保护现状

（1）刑法中与水资源有关的刑事法律规定。我国目前施行的刑法中没有专门性的水资源保护条款，与水资源有关的条款主要有 6 条，分散在第二章危害公共安全罪，以及第六章妨害社会管理秩序罪的第五节危害公共卫生罪与第六节破坏环境资源保护罪中。其中，第 114 条与第 115 条规定了决水罪，第 330 条规定了传播传染病罪，第 338 条与第 339 条规定了重大环境污染事故罪，第 340 条规定了非法捕鱼罪。

（2）刑法修正案中与水资源有关的条款修订。2011 年《刑法修正案（八）》将刑法分则第 338 条修改为：违反国家规定，排放、倾倒或者处置有放射性的废物、含传染病病原体的废物、有毒物质或者其他有害物质，严重污染环境的，处三年以下有期徒刑或者拘役，并处或者单处罚金；后果特别严重的，处三年以上七年以下有期徒刑，并处罚金。与刑法第 338 条相比较，修正案主要作了如下三个方面的修改：一是取消犯罪对象限制，即不

---

① 刘永强：《关于〈黄河法〉立法的思考》，载《人民黄河》1998 年第 10 期。

限于向土地、水体和大气排放危险有害物质；二是将其他危险废物修改为其他有害物质，使之更加明确和具体；三是将造成重大环境污染事故，致使公私财产遭受重大损失或者人身伤亡的严重后果修改为严重污染环境的。

（3）水事法律中与水资源有关的刑事法律规定。

一是《水法》中的有关规定。《水法》中有关刑事责任的条款主要有4条。其中，第64条援引《刑法》中受贿和渎职等规定，第72条对破坏水利工程设施行为规定了一般性的刑事责任条款，第73条援引《刑法》中侵占、盗窃、抢夺罪等有关条款，第74条援引《刑法》中破坏公私财物、非法拘禁等规定。

二是《防洪法》中的有关规定。《防洪法》中关于刑事责任的条款有4条，第61条对破坏水利工程设施或者水文设施等作了一般性规定，第62条援引刑法妨碍公务罪等相关规定，第63条援引《刑法》关于挪用用于救灾、抢险、防汛、优抚、扶贫、移民、救济款物等方面的规定，第65条援引《刑法》相关规定，加强对执法人员及管理相对人的管理。

三是《水土保持法》中的有关规定。《水土保持法》没有规定具体的刑事责任条款，有关条款只有第58条，概括性地规定刑事责任条款。

四是《水污染防治法》中的有关规定。《水污染防治法》中的刑事规定，仅有第90条，同样为概括性规定。

（4）水法规中与水资源有关的刑事法律规定。《抗旱条例》、《水文条例》、《取水许可和水资源费征收管理条例》、《河道管理条例》等主要水法规，只规定了概括性的刑事责任条款。

2. 我国水资源刑事法律保护的主要问题

（1）《刑法》水资源保护范围偏窄。从现行《刑法》相关规定来看，《刑法》虽然涉及水资源的保护，但介入范围比较窄。《刑法》没有将水作为一种资源进行法律保护，对水资源犯罪的规定或者是将其作为危害公共安全的工具进行立法，或是将其作为环境的一种要素进行保护，未设置专门性的水资源保护规定，缺乏对非法取水、水资源污染和水生态破坏等进行规制的规定。

（2）《刑法》水资源犯罪构成要件过严。认定刑事法律责任，主要采取主客观相结合的归责原则。但是在水资源刑事法律保护实践中，如一律采取主客观相结合原则，则难以追究行为人的刑事责任。一方面，实践中一些水资源污染或破坏行为虽然并不存在故意或过失，但是其行为结果仍然可能带来严重危害后果，这些行为应受到刑法规制。另一方面，即使采取主客观相结合的原则，由于水资源破坏的隐蔽性和水资源污染危害的潜伏性和积累性，其行为后果通常难以在短期内发现，容易导致违法行为实施后的取证困难，从而难以追究违法行为人的刑事责任。

（3）水法规刑事责任条款针对性不强。《水法》等水法规规定了一些与水资源有关的刑事责任条款，但是这些规定更大程度上是对社会管理秩序或者水资源保护管理者的一种法律约束，不是对管理相对人水资源破坏或污染行为的一种刑事法律管制。

（4）水法规刑事责任规定与刑法衔接不紧密。现行水法规规定，破坏和危害水工程、堤防、水文监测设施、水文地质监测设施的行为，构成犯罪的，依据刑法追究刑事责任。但现行刑法并没有对此作出具体规定，导致水法规中的这些条款缺乏可操作性，难以有效贯彻实施。

3. 加强水资源刑事法律保护的主要对策

（1）确立以《刑法》为核心的水资源刑事法律保护体系。水资源的刑事法律体系架构建设，应以充实刑法水资源保护内容为主。依据《立法法》规定，犯罪和刑罚等刑事基本法律规定由全国人民代表大会制定，因此，水事法律不能创设水资源犯罪和刑罚。

（2）确立资源性的水资源刑事立法保护理念。在资源立法理念上，我国刑事立法比较落后，现行刑法针对土地、矿产、森林等资源作了专门性保护规定，但是没有对水资源作专门性保护规定。水资源作为一种国家资源，具有很强的公益性、基础性、战略性，需要刑法从国家层面加强刑事法律的专门性保护。在此方面，国外有诸多立法例。美国于 1972 年修改的《联邦水污染控制法》第 1319 条第 3 款对过失违法、故意违法、故意制造危险、虚假陈述四种水污染犯罪行为作了专门性规定，明确了相应的刑事处罚。《德国刑法典》第 324 条对水污染犯罪作了具体规定。日本于 1970 年修订的《公害犯罪处罚法》第 2 条第 1 款规定，因工厂或企业的业务活动而排放有害于人体健康的物质，应予以刑事处罚。因此，刑法将水资源作为一种资源进行保护，是顺应国际水资源刑事立法保护趋势的必然要求。

（3）确立过错责任与无过错责任并重的归责原则。目前，我国《刑法》对水资源犯罪采取过错责任原则，不利于对部分违法行为人行为的有效规制，有必要针对部分水资源犯罪行为确立无过错责任原则。无过错责任是指无论行为人主观上是出于故意还是过失，只要其行为造成了危害后果，行为人就应当承担法律责任，例如，行为人单一的某一次排污行为可能符合相关规定，但是常年多次排污，或者和其他排污者的叠加行为可能会引起重大水污染事故，造成生命财产损失，对于此类行为，刑法也应予以追究刑事责任。

（4）确立刑事法律责任举证责任倒置原则。在我国司法实践中，通常坚持"谁主张，谁举证"原则，但如果在追究水资源犯罪行为人的法律责任时，一味地坚持该原则，可能会极大地加大受害人和司法机关的调查取证责任。相反，如果由违法行为人承担罪轻或无罪的举证责任，更有利于事实真相的发现。

（5）充实丰富刑法的水资源保护内容。

一是增设非法取水罪。非法取水是指单位或者个人未经行政许可取水或虽经行政许可但不按照取水许可的时间、地点、程序、方式或者超取滥取水资源，造成或可能造成水资源破坏严重后果的行为。从犯罪既遂的类型来看，非法取水罪属于结果犯，行为人既需要具备非法取水的行为，还需具备因非法取水行为导致的严重后果。

二是增设水污染罪。与非法取水罪不同，水污染罪属于危险犯，是指单位或个人非法向水体排放、倾倒废弃物或有毒等物质，足以对公私财产、人身健康以及水环境等构成严重威胁或造成严重后果的行为。

三是增设破坏水生态罪。破坏水生态罪是指单位或个人违反水资源保护法规，对环境水因子的量或质造成了严重破坏，严重影响生态环境良性循环的行为。

四是增设破坏水工程、水文设施罪。增设破坏水工程、水文设施罪，有利于强化水工程、水文设施的法律保护，保障水工程、水文设施免受非法侵害。

（6）增强与水资源保护有关的刑事法律的协调性。水资源刑事法律的协调性要求水法等水事法律法规刑事责任条款与刑法相关规定形成一个相互衔接协调的法律体系；立法、执法、司法机关在已有水资源刑事法律法规实施过程中，及时发现问题，尽快改革由于立法技术等原因遗留下来的法律规范不协调。①

（二）水资源公益诉讼制度

1. 公益诉讼制度对于水资源保护的重要功能

2012 年修订的《民事诉讼法》第 55 条规定："对污染环境、侵害众多消费者合法权益等损害社会公共利益的行为，法律规定的机关和有关组织可以向人民法院提起诉讼。"新《民事诉讼法》确立的公益诉讼制度，对我国水资源保护工作带来了新的机遇，并将产生积极影响。具体表现在以下几个方面。

（1）水资源案件有了新的诉讼程序保护。水是生命之源、生产之要、生态之基，具有经济、社会和生态等多方面功能，承载着广泛的社会公共利益。保护水资源，惠及社会大众，具有极强的公益性。破坏水资源的行为，属于典型的损害社会公共利益的行为，在我国这样一个人多水少的国家，破坏水资源对社会公

———————————
① 刘定湘：《关于加强我国水资源刑事法律保护的思考》，载《水利发展研究》2012 年第 10 期。

共利益造成的影响尤其严重。但长期以来，水资源保护案件，主要通过有关组织和个人对水资源侵权行为提起普通民事诉讼和检察机关对涉嫌犯罪的水资源违法行为提起刑事诉讼两种方式进入诉讼。还有很多侵害社会公共利益的水资源案件，无法进入司法保护程序。新《民事诉讼法》建立了公益诉讼制度，并且以"污染环境等损害社会公共利益的行为"概括规定的方式，可以理解为将损害社会公共利益的水资源案件纳入了公益诉讼受案范围，使水资源保护案件进入了新的诉讼领域，获得了新的司法保护。实践中，贵阳、昆明、无锡等一些较早开展公益诉讼的地方法院已经将水资源保护案件纳入公益诉讼受案范围并取得一定成效。

（2）水行政主管部门有了新的保护水资源的手段。从《水法》等有关法律规定和实践来看，水行政主管部门保护水资源主要依靠行政执法手段，其拥有并且实际运用的诉讼手段很少，以原告身份提起民事诉讼几乎为空白。新《民事诉讼法》规定，法律规定的机关可以作为原告提起公益诉讼。《水法》规定，水资源属于国家所有，水资源的所有权由国务院代表国家行使，国务院水行政主管部门负责全国水资源的统一管理和监督工作，流域管理机构和地方水行政主管部门按照授权或者规定权限，负责相应的水资源管理和监督工作。水行政主管部门是法律规定的水资源主管部门，具有维护水资源社会公共利益的职责。新《民事诉讼法》的规定，为水行政主管部门取得公益诉讼原告资格创造了诉讼法依据，在传统的行政、经济和法律等手段之外，为其保护水资源提供了一项新的手段，打开了一扇新的大门，开辟了一条新的通道。

（3）有关社会组织参与水资源保护有了新的途径。社会组织是区别于行政机关和个人的一类主体。在水资源保护领域，涉水管理单位、相关学会、农民用水户协会等都属于有关社会组织，还有以"淮河卫士"等为代表的众多民间组织。它们在保护水资源、水环境方面发挥了积极作用，一定程度上弥补了行政保护的不足。一些立法对有关组织参与水资源保护的方式和途径也作了规定，包括参与立法活动、参与项目审批听证等。但总的来看，我国水资源管理和保护工作中，有关组织的参与途径还比较有限、参与程度不高。特别是在诉讼领域，受原《民事诉讼法》第108条原告必须与本案有直接利害关系的规定制约，很多热心公益事业的组织面对水资源遭受破坏的情况，往往有心无力。这次新《民事诉讼法》规定有关组织可以提起公益诉讼，为那些即使与水资源案件没有直接利害关系，但热心社会公益的组织参与水资源保护提供了诉讼武器，拓展了他们保护水资源的法律途径，对提高他们保护水资源的积极性具有重要意义。

（4）弥补了现有行政管理手段的不足。公益诉讼作为诉讼武器，不仅为水行政主管部门保护水资源提供了新的手段，而且相对于传统行政管理具有一些独特优势，可以弥补现有行政管理手段的不足。

一是填补监管漏洞。一切行政权力都需要有法律的明确授予，法律没有授权的，主管部门不得行使。但是社会变幻万千，立法总是相对滞后，有些侵害水资源的情形，法律可能没有授予执法权。对这种违法情形，主管部门可以通过公益诉讼追究违法行为的法律责任，避免因法律漏洞而致公益受损。

二是突破监管限度。行政执法受到法律责任的"上限"等各种约束，往往使违法者承担罚款等违法成本后还能获得额外"违法收益"。通过公益诉讼可突破数额限制，根据实际损失要求足额赔偿，使违法者"无利可图"。

三是强化监管力度。水行政主管部门的人力、财力、物力有限，总有违法行为会逃脱监管。这就必须借助社会的力量。赋予社会组织对侵害公益行为提起诉讼的资格，补充行政力量的不足。所以，公益诉讼能够在行政监管的基础上，实现对水资源更加严格的保护。

总之，公益诉讼的规定，不仅使水资源案件有了新的诉讼程序保护，赋予了水行政主管部门和有关组织新的法律手段，而且在效果上使水资源得到更加严格的保护。[①]

2. 水资源保护公益诉讼制度的主要内容

（1）水资源保护公益诉讼的性质定位。从学理上讲，公益诉讼应当是一种独立的诉讼类型。公益诉讼中没有所谓的刑事公益诉讼，因为在我国，犯罪行为不仅侵犯了个人和社会的利益，也侵犯了国家利益，如果侵害公共利益达到犯罪的程度，都是刑事公诉案件。从这个意义上讲，水资源保护公益诉讼只包括民事公益诉讼和行政公益诉讼，不包括刑事公益诉讼。

考虑到以下几个方面的原因，目前水资源保护公益诉讼应当排除行政公益诉讼，而定位为民事公益诉讼。

第一，行政公益诉讼本质上属于行政诉讼的范畴，大量的行政公益诉讼案件都可以通过行政诉讼的方式予以解决；

第二，从我国目前行政诉讼实践来看，由于司法权威不足、司法地方化倾向严重，行政诉讼在实践中遇到极大的阻力，在行政诉讼发展滞后的情况下，水资源保护行政公益诉讼缺乏制度建设的时机；

第三，从我国行政公益诉讼制度发展现状来看，行政公益诉讼只是在理论上进行了探讨，尚未付诸实践，在行政公益诉讼尚未出现的情况下，不可能建立水资源保护行政公益诉讼。

（2）水资源保护公益诉讼的范围。水资源保护公益诉讼范围是指法院受理水资源保护公益诉讼的界限，即可以受理什么样的案子，不能受理什么样的案子。正确界定水资源保护公益诉讼的范围，是建立水资源保护公益诉讼法律制度的前提。一般来说，破坏水资源保护的行为可以从水质、水量和水生态三个方面来分析：一是危害水质的行为，如向地表水和地下水体违法排污、未按法律规定实施保护的采煤、采矿等行为；二是危害水量的行为，如超采地下水、未按规定取用地表水资源、可造成第三

---

① 唐忠辉：《新民诉法中公益诉讼规定对水资源保护带来的机遇与挑战》，载《水利发展研究》2013年第1期。

方取水或水资源权益受损等行为;三是破坏水生态的行为,如无序开发小水电、在河流内过度养殖、破坏水源涵养植被等行为。

(3)水资源保护公益诉讼的主体。从我国传统立法和国外的环境立法来看,为了更好地维护公共利益,更加有效地发现和打击破坏水资源的行为,水资源保护公益诉讼在原告资格上,必须适当放宽。放宽原告资格,可以使得水资源司法保护网更加严密,即在某一起诉主体缺位或怠于行使诉权时,其他主体也可以承担提起诉讼的职责,从而有利于全方位、更高效地保护水资源。具体来讲,水资源保护公益诉讼的原告应当包括:检察机关、各级水行政主管部门及其派出机构、社会团体和公民个人。

(4)水行政主管部门在水资源保护公益诉讼中的角色。水行政主管部门应当在水资源保护公益诉讼制度中扮演更加积极的角色。主要包括:一是公益诉讼的原告,即对于公司、企业实施的破坏水资源保护的行为,水行政主管部门有权作为公共利益的代表,向管辖法院提起民事公益诉讼。二是作为水资源保护的主管部门,可以进一步对破坏水资源保护、侵犯水事公共利益的行为进行梳理,并就相应行为可能导致的损害赔偿幅度作出规定,以供司法机关判决时依照或参考。三是对于检察机关、社会团体及公民个人针对水资源保护提起的公益诉讼,水行政主管部门可以作为诉讼辅助人,为其提供专业技术帮助,以赢得诉讼。四是对于水资源保护公益诉讼中遇到的技术问题,可以作为法庭的专家辅助人,帮助法官解决本案涉及水资源保护的专业技术问题,弥补法官专业技术知识上的不足。

(5)完善水资源保护公益诉讼制度的工作机制。工作机制包括两个层面:一是水行政主管部门系统内工作机制,包括系统内上下级之间及同级水行政主管部门内部各部门之间互相配合的工作机制;二是水行政主管部门与司法系统之间的配合机制,包括地方水行政主管部门和当地司法系统之间的工作机制及中央水行政主管部门和中央司法机关之间的工作配合机制。

(6)水资源保护公益诉讼制度的构建策略。从法律制度推进策略来讲，主要有两种：一种是"自上而下"的立法推动主义，另一种是"自下而上"的司法能动主义。一般来讲，"自上而下"的立法可以彻底地解决问题，但是其问题在于协调过程复杂，周期较长，且缺乏实践支持的立法往往会过于理想化而缺乏实效性。"自下而上"的司法通过"摸着石头过河"的探索，对于那些经验表明不具有切实可行性或者实施效果并不理想的改革措施，可以及时地予以抛弃；而对于那些具有良好社会效果的改革措施加以总结，并将其上升为具有普遍约束力的法律制度。但"自下而上"司法的缺陷也是十分明显的，即制度探索过程中往往要突破现行法律，常常在合法性问题上受到非议。就水资源保护公益诉讼制度的推进策略来讲，应当综合运用上述两种推进策略。在制度探索之初，应更多地重视水行政主管部门和司法机关自生自发的制度变革经验，采取司法机关改革试验先行，当改革试验发展到比较成熟的程度，则必须通过"自上而下"的方式推动立法机关将成熟的改革经验上升为法律制度。①

三、公众参与保障

（一）公众参与水资源管理的价值

1. 公众参与有助于确立水资源管理的公共利益趋向

（1）公众参与有助于维护民权。首先，水是人类的生命线，水资源分配跟每个社会个体的生存权直接相关。水权属于公民最基本的人权，公民参与水资源管理天然地具有合法性。其次，水是人们从事生产活动的基本保障，因此也与社会群体和社会个体的发展权相关。在人类自身延续的意义上说，我国是人口大国，水资源管理失策可能遗患子孙后代，公众参与水资源管理，有利于塑造为后人谋福利的伦理观念，以形成代际之间可持续发展的水利环境。在财富积累的意义上说，公众参与水资源管理，可以

---

① 王晓娟、王建平、汪贻飞：《建立水资源保护公益诉讼制度的思考》，载《中国水利》2012 年第 14 期。

充分发挥维权、监督腐败和制约市场的功能，防止部分利益集团过度占用国内有限的水资源，这不仅可以提高水资源的效率，优化水资源的配置，对抑制贫富分化也有一定作用。最后，民众理解社会管理的意义，通常以寻求公平感为归宿，在水资源管理方面也不例外。作为公共物品，水资源在理论上属于整个社会。但水资源管理在实践上要审慎考虑利益相关者之间的权利关系，比如国家利益、社会利益、小群体利益和个体利益就相互存在冲突，再如我国城市与乡村之间水资源使用条件也有显著差异。在我国，为了国家利益和全社会的福利，通常小群体和个体必须在水权上让步；而城市在水资源方面享受优待，也是为了确保社会经济文化水平的稳定发展的需要；这样，水资源配置的不公平实际上是无法避免的。在这种情况下，公众参与有利于帮助社会达成共识：水资源的使用可以存在不公平，但应通过合理的利益补偿机制实现水资源管理层面的公平。

（2）公众参与有助于维护水体生态。水作为一种使用广泛的自然资源，其系统再生性容易被日用性冲淡，而常为管理者所忽略。对于我国水资源管理而言，这主要表现为不尊重水资源的系统生态。在政府管理方面，我国长期按照行政区划来管理水资源，割裂了江河湖泊的流域系统性，争利移患的水资源管理格局对水体的维护产生了危害。在市场活动的影响下，我国水资源生态日趋恶化，已经造成了水体安全危机。在这种形势下，我国应大力倡导水资源管理的公益性，而公众参与水资源管理就成为应有之义，并凸显在以下两个方面：

其一，由于我国江河湖泊等大型水体的维护牵涉不同地域方方面面的利益，所有利益相关者都深知，大型水体的损坏必然导致局部水资源紧张，因此通过公众参与以对话、交流、协商的方式形成治水方案，较为合情合理，若仅靠行政手段治水则不能兼顾也难以服众。

其二，在当前，我国水污染最大的来源是企业生产，由于企业集团是国家的经济支柱和政府税收的主要来源，行政治污手段往往失效。公众参与治理水污染则能形成有效的遏制力，从公益的角度看，只有公众才能成为水体生态立场坚定维护者；只有公众参与水资源管理，才能使水体生态立场成为有价值的社会资源。

（3）公众参与有助于维护自然环境。水是万物之源，是自然环境的构成要素，在水资源管理上追求人水和谐，实际上就包含着维护良好的自然环境这一立场。众所周知，从环境平衡的角度看，人类与水资源，不能被简单地理解成征服与被征服、利用与被利用的关系。人们在合理利用水资源的同时，应该管理好水资源，使之不破坏，这种对宇宙、人类、国家、社会、个人和子孙后代负责任的管理宗旨，契合伦理道德和人文美感的要求。莱奥波尔德的"大地伦理学"认为，应当抛弃那种认为合理的大地利用只是经济利用的传统思路，而要从伦理学和美学角度考虑什么是正当的问题，也从经济方面考虑什么是有利的问题。当趋向于维护生态群落的完整、稳定和美感时，它就是合理的，反之就是不合理的。水作为大地的组成部分，也要强调人与水资源之间的关系具有伦理道德意义，应有一定的道德规范和行为准则约束人类对水资源的开发。

从艺术角度来看，水在世界各民族历来是艺术灵感的来源，是人类社会最基础也最核心的审美对象，并具有最易普及的审美教育内涵。从管理学的角度看，维持民众对于水资源的伦理道德观念和人文美感，是全社会的共同责任，这并非政府管理力所能及，而与市场经济利益至上的价值取向相冲突。公众参与水资源管理，比较有利于将那些对水资源保持敬意与人文美感的人群和个体聚集起来，形成有影响的社会势力，通过社会活动唤醒人们热爱自然的善良本质，使得维护水体环境成为水资源管理不可或缺的基本立场。

2. 公众参与是提高水资源管理效率的现实需要

应该说，我国水资源管理中的公众参与在实践层面上已经取得了一些成绩，但由于时间较短，实践经验不足，理论认识不高，公众参与的作用有待提升。在当前及今后相当长时期内，我国对水资源将主要按照公共物品和商品两种属性进行综合管理：一方面当作公共物品，政府机构将以公共信托的方式对水资源加以管理；另一方面当作商品，通过市场机制实现水资源的优化配置。这两种情形下的水资源管理，需要具有现代观念的法律基础、制度设计、部门设置和监督机制作为保障，这些都离不开有效的公众参与。

（1）国外水资源管理公众参与的经验提供了借鉴。公众参与国家水资源管理已经有不少成功范例，如美国的水资源立法体系、法国保障公众对水资源管理参与权与知情权的"三三制"组织形式、荷兰的水董事会和美国密西西比河的开发经验等。全球化时代，水资源管理已经成为国际社会普遍关注的公共事务之一，水资源管理公众参与度不足的国家，将面临国际舆论压力，不利于提升国家形象。我国水资源管理公众参与度低，跟我国经济发展的国际影响不相匹配。水资源管理的公众参与情况，在一定程度上能够体现我国的社会发展水平，是我国政府管理和公共管理事业能否获得国际认可的重要指标之一。

（2）减少用水浪费，提高用水效率，需要公众参与。联合国《世界水资源开发报告》认为，全球水资源危机的主要原因是管理不善，包括水资源浪费严重，有多达 30% ~ 40% 的水被白白浪费掉；发展中国家水资源开发能力不足。实际上，世界最大的水危机其实不是水资源的危机，而是水管理和水利用的危机。我国是世界上最大的发展中国家，水资源管理和利用水平不高，用水浪费的现象相当严重。在崇尚消费自由的市场经济环境下，这些水资源浪费现象无法进行强制管理。只有公众参与水资源管理，节约用水才能成为社会风气，可以说，用户参与水资源管理在我国应成为一种必然趋势。

（3）公众参与是我国水资源管理水平不断提升的必然要求。一方面，我国经济与社会不断发展，国民素质日益提高，推进公民社会建设已经成为共识。在这样的社会氛围下，参与各种社会管理,将成为民众的基本权利和生活方式。作为社会管理的重要内容,水资源管理也必然要通过民众参与来体现其公共属性。另一方面,迫于水资源匮乏的现实压力,我国部分地区对水资源管理不断进行改革,并在公众参与方面积累了有效的实践经验。北京市在 2004 年举行水价听证会,收集各行业代表对水价调整的意见,与会代表不仅包括经营者代表、消费者代表、政府有关部门代表以及相关的经济、技术、法律等方面的专家、学者,还特别增设了洗浴、洗车以及纯净水行业的代表。这是我国较早出现的公众参与水资源管理的典型案例,并取得良好成效。不难发现,公众参与我国水资源管理,不仅在理论上应行,在实践上也是可行的。

(4)当前我国水资源损坏严重,公众参与有助于维护社会和谐。多年来我国经济的持续发展,在一定程度上是以损坏自然环境和社会环境作为代价的。我国水资源污染对人民群众的身体健康与生活质量造成了危害,水资源配置不公平侵犯了某些社会群体和个体的水权,水体生态的毁损对整个国家的水资源安全构成了威胁,而直接承受这些恶果的,是社会底层民众。虽然我国社会底层民众也是经济发展成果的直接受益者,但其经济收益相较于其在水资源方面的损失,至少在相当一部分人的感觉上,是得不偿失的。随着贫富差距成为我国突出的社会问题,这种得不偿失的感觉已经在社会舆论层面持续发酵而形成民愤,并可能会导致不利于水资源管理的社会风险。如何平息由水资源损坏带来的民愤,实际上是能否规避社会风险的大问题。为国家利益和社会经济发展而严重损坏水资源,这虽然是社会管理的不良结果,但并非不正当的。那些在理论上应是水资源受益者的民众,如果很不幸地在现实层面上成为水资源损坏的受害者,社会除了应对其进行必要的补偿之外,更重要是以此为鉴,推进民众参与水资源管理。可以说,任何形式的水资源管理都不可能令所有人满意,但如果将民众当作水资源可持续发展系统建设中的主体,总是能够通过公众参与的方式,寻求到大家普遍接受的水资源管理体制。①

（二）公众参与水资源管理的条件

公众参与水资源保护和管理应当具备需要一些必要的条件。

1. 公众有较高的水资源和水环境保护意识

有较高保护意识的公众了解资源、环境与发展的关系，懂得保护资源环境的重要作用，在实际中能做到监督和贯彻执行各项方针、政策、法规和制度。这是公众参与水资源保护与水资源管理的首要条件。

2. 让公众及时、准确地了解水资源与水环境状况

让公众了解他们的生存环境，也就是了解环境质量状况、污染信息、环境生态资源等，这是公众参与水资源保护与管理的基础。公众了解这些信息，才可能采取切实有效的措施，或者通过形成民众的、社区的直接压力等手段来促进政府控制污染、保护资源与环境。

3. 提供公众参与的机会，使公众参与成为可能

这是公众参与水资源保护与管理的关键因素。我国宪法、环境保护法和其他相关法律对公民参与国家管理（包括水资源与水环境管理）的权利都作了明确的规定。如《宪法》第 2 条规定，人民依照法律规定，通过各种途径和形式管理国家事务，管理经济和文化事业，管理社会事务。《环境保护法》第 6 条规定："一切单位和个人都有保护环境的义务，并有权对污染和破坏的单位和个人进行检举和控告。"我国其他环保法律也都有类似的规定。这些规定为公众参与水资源管理提供了法律上的依据，使公众参与成为可能。

4. 建立采纳意见、保护公众利益的机制

各级地方政府和有关环保机构在公众参与实施过程中，要随时听取公众意见，接受公众监督。建立群众投诉信箱，设立举报

---

① 徐莺：《公众参与：我国水资源管理的发展趋势》，载《理论月刊》2012年第 1 期。

热线，接待群众上访，积极地创造公众参与的氛围，保证公众保护环境的权利顺利实现。①

（三）公众参与水资源管理的途径

1. 水资源国家所有权代表制度中的公众参与

我国水法规定，水资源的所有权由国务院代表国家行使。但是，行政权与水资源国家所有权一体结合，均由政府行使，使得水资源国家所有权与政府行政管理权职能不分，水资源国家所有权呈现权力化的趋向，并且借用行政权结构系统来实现所有权的流转，导致所有权权能的畸变与异化。为了改变这一现状，水资源国家所有权代表必须从行政系统中分离出来。在水资源国家所有权代表制度的构建中，水资源国家所有权代表的权力机构应当由各利益相关方共同组成，其中应当包括一定比例的沿流域各省市的选民代表和用户代表。只有这样，才能保证水资源国家所有权代表的决策最大限度地体现各用水主体的意志和利益，才能保证水资源国家所有权代表不偏离公共利益的轨道，同时防止水资源国家所有权代表异化为"准"政府，并以行政权替代所有权，有利于保证水资源国家所有权代表正确行使所有权。

2. 水权初始分配中的公众参与

建设水权市场的目的是提高水资源的利用效率，促进水资源的可持续利用，进而推动社会的可持续发展。公平原则是可持续发展的重要内容，保证水权初始分配环节的社会公平是防范水权市场诱发水资源配置领域社会不公平现象的基础。这不仅是经济问题，而且也是社会、政治问题。公众参与初始水权的分配过程，能够为实现公平分配水资源提供有效的保障机制。

3. 水权交易中的公众参与

鼓励公众参与，可以使社会大众树立"水资源是一种经济商品"的水资源观，进而减少水资源市场配置的阻力；通过公

---

① 程晓冰：《水资源保护与管理中的公众参与》，载《水利发展研究》2003年第 8 期。

众参与、协商，还可以降低水权交易成本。更重要的是，在配置水资源过程中，引入市场机制准许水权进行交易，可能会诱发水权的垄断性问题，强化供水行业的自然垄断性。公众参与水权市场的建设，能够营造出促使水权主体合理利用水权的社会氛围，形成迫使水权主体放弃利用水权谋求垄断利益的社会舆论，有效防范水资源市场配置引发的水权垄断问题。

4. 用水者协会中的公众参与

用水协会是用水户自愿组成的、民主选举产生的管理用水的组织，属于民间社会团体性质。用水者协会的建立有利于反映用水户的愿望和观点，促使供水单位改善服务，促使政府与用水户特别是农民的沟通，使各项改革措施更易于为用水户和公众接受。例如，针对农户用水者协会，可以通过用水者协会的民主建设，使协会真正成为农户自己的组织，农户通过参与民主管理以及相应机构设立、选举等手段，维护自己的权益，使农户用水者协会切实成为农户的服务机构，有利于公平原则的实现。

5. 政府水资源管理中的公众参与

在政府管理水资源方面，公众参与水资源宏观管理决策的程度不断提高。美国在20世纪80年代以来，对于重大的水资源开发项目，逐渐形成沟通与协调的体制，并在一些地区通过地方议会立法的形式，保障公众和有关部门享有参与决策的权利。日本的开发管理部门有完善的公示与意见征询程序，区域的关联者们有很强的参与意识，积极思考、审核工程对流域或区域发展的利弊，提出代表区域公众的意见或建议。2000年新的《欧盟水框架指令》中指出：在使水清洁过程中，公民和公民团体的作用至关重要。[①]

（四）公众参与水资源管理存在的缺陷

1. 民间力量弱小

我国的水资源管理基本上以行政推动为主，民间社团组织的

---

① 陈红军：《水资源配置中公众参与问题探析》，载《学习月刊》2007年第5期。

数量不多，特别是专业化的参与水资源保护与管理的社团组织数量较少，无法像国外环保组织那样广泛参与到水资源管理与决策中去，并且有时民间社团组织代表的环境利益与当地普通居民的利益存在差距，社会影响有限。

2. 公众参与水资源管理的权利缺乏法律保障

我国的新水法虽然确立了水资源管理与行政管理相结合的体制，但没有明确规定公众参与的权利。同时我国既没有综合性的水资源管理的法律规定，也缺少国家确定的重要江河流域的单行立法，公民参与权缺乏法律保障，无法对政府的行政行为和水资源管理与决策形成监督和制约，同时也抑制了公众参与水资源管理的积极性，不能适应现代水资源管理的需要。

3. 公众参与意识淡薄

由于传统思想的影响，公众不善于表达自己的利益诉求，存在着一种事不关己的躲避心态。加之公众缺乏水资源相关专业的知识，从而使得公众在管理过程中处于被动地位，不愿主动地参与到管理过程中去。[①]

（五）公众参与水资源管理的完善途径

1. 建立和完善有关法律

要把水资源管理中公众参与的必要性、程序等重要内容以法律的形式固定下来，对实际工作进行指导，对有关主体的作为进行监督管理，对该作为而不作为者进行惩罚。

2. 加强公众参与水资源管理的教育宣传工作

首先，应该借鉴美国经验，建立正规学校教育和非正规社区教育两个方面的水资源教育体系。其次，应宣传法律知识、培养公众的权利意识、不断鼓励公众参与并通过接受公众提出的合理建议和要求来鼓励公众参与的热情，并对政府人员的工作进行民主监督，目的是从根本上转变观念、培养合作精神、促进公众参

---

① 何景灵、张子龙：《我国公众参与水资源管理浅析》，载《科技经济市场》2007年第7期。

与。通过教育和宣传，提高公众对参与的正确认识，让他们知道政府的积极态度，提高公众参与的积极性；通过宣传教育，提高公众参与的能力。

3. 加强公众参与的媒介——民间组织的建设

要正确认识用水管理组织的作用，多建立用水者协会等中介组织，使其在水资源管理中发挥作用。政府要在其运作费用等方面给予支持。同时，要提高用水者协会等民间组织的运作效率，要让这些中介组织真正成为能够代表公众利益的主体，要充分发布用水者协会等中介组织活动的有关信息，确保公众从用水者协会等组织得到相应的权利。

4. 完善和创新公众参与方法

要进一步完善公众参与的方法，如通知和反馈制度、一事一议制度、村务公开制度、听证制度、咨询制度等；还要创新公众参与方法，如充分利用电话、网络等现代信息手段降低公众参与的成本和提高参与的效率等。

5. 培养公众参与的责任感和热情

公众参与是提高水资源管理效率的重要措施，政府要有意引导公众参与，提高参与热情，提高其参与水资源管理的责任感。

6. 提高参与公众的学习能力和参与能力

合适的参与者的共性是自信、善于交流、善于总结、学习能力强、善于理解决策因素之间的关系、对各地区及本地情况熟悉、知识丰富。公众要掌握相关知识，使自己参与过程中的建议科学、可行；公众要掌握参与的技巧，使参与过程的协作更加有效；公众要掌握有关法律，用法律武器维护自己参与的权益。①

---

① 刘红梅、王克强、郑策：《水资源管理中的公众参与研究——以农业用水管理为例》，载《中国行政管理》2010 年第 7 期。

四、管理体制保障

(一) 现有水资源管理体制的缺陷

改革开放35年来，我国水资源管理取得重大进展，但与科学发展观的要求相比，还存在一些突出的矛盾和问题，特别是体制机制方面的矛盾与问题较多。

1. 区域与流域管理事权划分不够明确

一是流域管理立法相对滞后。据反映，水法在立法上赋予流域机构行政主体地位，但未明确与行政区域管理的关系、流域管理的原则和基本管理制度、促进流域综合开发的政策措施、流域管理机构的执法权力等重要内容。近年来，一些省市加大了水资源管理立法力度，流域管理立法滞后于地方管理立法。

二是规划的约束力有待加强。流域统一规划基本做到了，但规划的约束力不够，规划管理需要加强；水资源承载能力和水环境承载能力作为经济社会发展的控制要素的作用体现还不太充分；涉水其他行业的规划与水利规划相协调、相衔接不够。

三是取水许可审批权限有待完善。流域机构建议尽快完善流域机构取水许可管理审批权限，全面掌握取水项目的审批情况，以更好地落实流域取水总量控制；而地方水行政主管部门则认为流域机构应着重宏观管理，不要过多关注微观管理，具体行政审批管理事项应以地方为主、流域机构监督为辅。个别地区取水许可越权审批现象仍比较严重。

2. 水资源保护的部门间协调机制亟待建立

水资源保护工作涉及水利、环保、建设等多个部门，各部门往往各自依据相关的法律法规和职能实施管理。特别是水资源保护和水污染防治工作分属水利、环保两个部门，部门职责交叉，关系不顺，建立部门间协商协调机制十分必要。一是限制排污总量意见难以落实。环境保护部门是水污染防治工作的主管部门，限制排污总量意见由水利部门提出，由环境保护部门具体实施，但两者尚未很好衔接，限制排污总量意见未能作为水污染防治规划、实施污染物总量控制的依据。二是流域水资源、水环境监测信息共享机制尚未建立。同一流域内，水利、环保等部门对主要河流、省际边界、重要供水水源地等均设有地表水资源水环境监测站网，监测站点和监测内容多有重复，时间安排也未能统一，部门之间的信息共享机制尚未完全建立，水质监测能力建设亟待加强。

3. 总量控制与定额管理制度有待进一步落实

一是以总量控制和定额管理为基础的水权制度建设，处于试点探索阶段，其水量分配和水权转让交易的实施细则尚不健全，有待完善；有些地方只注重水量分配，一分了之，半途而废，没有建立保障水量分配有效实施的管理机制和技术支撑；水资源实时计量、监测和监控体系普遍缺乏，总量控制和定额管理难以落到实处；农业用水比例过大问题仍未解决，农业高效节水有待深化和推广。二是节水相关的配套政策法规尚待健全。节水型社会建设不能仅依靠行政手段，而是要通过综合节水途径，特别是水价等经济手段。但是，目前在污水回用、循环利用等方面的激励机制尚未建立，相关配套政策法规有待健全。

4. 水务体制改革进程与目标还有较大差距

在管理体制方面，一些水务局成立后职能未能做相应调整理顺，离真正实现涉水事务一体化管理的改革目标差距较大，政企、政事不分的问题较为普遍；在运行机制方面，水务局新增职能的财政资金难以落实，多元化、市场化的投资渠道尚未形成；在法规标准方面，现有的法规标准不适应新体制的要求，水务管理技术标准和规范体系有待建立和完善；各地对水务管理缺乏经验，迫切企盼得到上级部门的更多支持与指导。[①]

5. 流域管理机构在管理上面临尴尬

依法对水资源进行流域管理，需要相应的流域管理机构。

---

① 胡四一：《加快改革进程　创新水资源管理体制》，载《中国水利》2008 年第 23 期。

2002 年《水法》对此做了明确规定，并将流域管理机构的法定管理范围确定为：参与流域综合规划和区域综合规划的编制工作；审查并管理流域内水工程建设；参与拟定水功能区划，监测水功能区水质状况；审查流域内的排污设施；参与制定水量分配方案和旱情紧急情况下的水量调度预案；审批在边界河流上建设的水资源开发、利用项目；制定年度水量分配方案和调度计划；参与取水许可管理、监督、检查、处理违法行为等。表面上看，2002 年《水法》规定流域管理机构有权对流域水资源从宏观的规划、区划等到微观的水量分配、取水许可、监督检查等方面实施管理，但是在实践中这些法定职责的落实都存在潜在问题。

（1）不能真正落实国家对水资源实行流域管理与行政区域管理相结合的管理体制。《水法》第 12 条规定："国务院水行政主管部门在国家确定的重要江河、湖泊设立的流域管理机构在所管辖的范围内行使法律、行政法规规定的和国务院水行政主管部门授予的水资源审批和监督职责。"据此，流域管理机构是代表国家对流域实行管理的主要部门，但其在地位上却隶属于水行政主管部门，性质上是水利部门的派出机构、附属机构，这就使其难免在管理的自主性上受到水行政主管部门的制约。流域管理机构的管理在某种意义上其实就是水行政主管部门的管理。而且，《水法》将流域管理机构排除在参与国家水资源宏观管理的权力之外。如第 17 条规定："国家确定的重要江河、湖泊的流域综合规划，由国务院水行政主管部门会同国务院有关部门和有关省、自治区、直辖市人民政府编制，报国务院批准。"这与 1988年《水法》规定的水行政主管部门的统一管理与分级、分部门管理相结合的原则并没有实质上的改变。水资源管理权的不平衡使流域管理与行政区域管理相结合难以实现，终究还会回到水资源统一管理与分级、分部门管理相结合的原来状态。

（2）流域管理机构综合管理权力不确定。首先，《水法》确立了流域管理与区域管理相结合的原则，并对流域管理机构和地方水行政主管部门的管理权限分别予以界定。地方水行政主管部门在很大程度上受制于同级政府，代表着地方利益，当流域利益与区域利益发生冲突时，权力应如何设置与分配，协商不成是否应报请其共同的上级主管机关裁决，对此，水法均无明确规定。其次，根据《水法》第12条的规定，流域管理机构和水行政主管部门对水资源实施管理、监督职责，而环境保护部门是对水资源进行保护的主体，水资源管理和水环境保护分属两个部门管辖，而且，交通、渔业、电力、林业等部门在各自业务范围内对水资源都具有一定管辖权。各部门进行管理的依据各不相同，实践中难免产生权力的碰撞与利益的纷争。由此可见，"多龙治水"的局面并未根本改变，流域管理机构综合管理的权力在现实中遭到瓜分。

（3）流域管理机构难以做到真正意义上的统一管理。《水法》将流域分为三类：第一类是国家确定的重要江河、湖泊的流域；第二类是跨省、自治区、直辖市的其他江河、湖泊的流域；第三类流域是其他江河、湖泊的流域。并明确规定，在第一类流域上设立流域管理机构，而第二类、第三类流域上是否设立流域管理机构都未明确规定。这种对流域水资源管理不公平分配权利、权力、义务、责任的规定，在实践中将出现在第一类流域的地区、单位和个人可以享受到由流域管理机构在流域水资源开发、利用、节约、保护中的整体性管理及监督、检查并处理违法行为所带来的各种利益。第二类流域、第三类流域的地区、单位和个人仍处于"水资源统一管理和分级、分部门管理相结合"的管理下，仍面临水资源地区分割的问题，未能享受到流域管理机构对水资源整体性管理所带来的利益。这必然使我国各地区、各单位和个人在享用水资源权利方面产生不公平现象。另外，尽管《水法》规定在一类流域上设立流域管理机构，但同时又规定第一类流域的水资源综合规划和水功能区划不需流域管理机构参与，流域管理机构只参与第二类流域的水资源综合规划和水功能区划，但第二类流域上是否设立流域管理机构却在《水法》中未明确规定。《水法》中长期供求规划更是与流域管理机构无关，只是在跨省、自治区、直辖市的水量分配方案和旱情紧急情况下的水量调度预案，才允许流域管理机构去同有关省、自治区、直辖市人民政府协商制定。可见，在流域水资源整体性宏观管理中，流域管理机构几乎不能依法发挥作用。

6. 利益相关者参与流域管理存在障碍

水资源开发和利用的公共性十分突出，几乎涉及所有人的利益，与每个人的生存、发展息息相关。公民参与流域的管理，既是保证自身利益的需要，也是对流域管理机关的行政行为进行监督的一种重要方式。但《水法》对公众参与根本没有涉及，这不能不说是立法的一个疏漏。从流域规划的编制到微观流域事务的管理，都是由水行政主管部门和有关政府进行，流域管理机构实质上是水利部门的执行机构，无法广泛代表各方利益。生活在流域沿岸的居民对流域环境最为了解，对流域问题最为关注，广泛的公众参与流域管理有利于解决和处理普遍的环境问题。①

（二）水务一体化改革的概况

1993 年全国第一个市级水务局——深圳市水务局成立，到 2006 年年底，全国成立县级以上水务局共计 1471 个，占全国县级以上行政区总数的 60.4%。在全国 31 个省级行政区中，除西藏外，其余 30 个省、自治区、直辖市均开展了水务管理体制改革。在全国 1471 个水务局中，省级水务局 3 个，分别是北京市、上海市和海南省，占省级行政区总数的 9.7%，副省级水务局 6 个，占副省级城市总数的 40.0%；地级水务局 174 个，占全国地级行政区总数的 55.9%；县级水务局 1288 个，占全国县级行政区总数的 61.9%。

回顾水务发展的历程，从 1993 年开始到现在，水务管理体制改革经历了 3 个阶段：

（1）1993～1999 年，既是水务统一管理的萌芽阶段，也是

---

① 马丽：《中国水资源管理体制分析》，载《黄河水利职业技术学院学报》2009 年第 1 期。

探索阶段。深圳市就是改革尝试的典型代表，此后水务改革在全国各地悄然兴起，到 1999 年年底，全国成立水务局 100 多家。

（2）2000～2004 年 2 月，是水务统一管理的快速发展阶段。典型代表有上海、海南、黑龙江、内蒙古、河北等省、自治区、直辖市，此间成立水务局 800 多家。

（3）从 2004 年 3 月开始，以北京开始组建水务局为起点，水务统一管理进入了巩固和深化阶段。目前许多地方正在积极酝酿水务改革方案，已实现水务统一管理的地方，以完善体制、创新机制为重点，不断推进水务管理向深度和光度发展。

1. 深圳模式

1993 年的 7 月，深圳市水务局成立，统一管理全市的水源开发、建设、供水、防洪和供水行业管理等有关业务。目前，深圳市水务局承担的主要行政职能包括：拟定水务发展规划及水资源、防洪排涝、农田水利、供水、排水、节水、水土保持、污水处理及回用、中水利用、海水利用等专业规划，经批准后组织实施；承担生活、生产经营和生态环境用水保障责任；实施水资源的统一监督管理；负责水资源保护工作。组织水功能区的划分，并监督实施；监测河道、水库的水量，检测其水质，核定其水域纳污能力，提出限制排污总量的意见，并协助做好水源保护工作；参与全市水污染治理和水环境保护政策、规划的拟定工作，承担水污染治理工程和水环境保护工程的建设管理和运行监管责任；承担城市供水水质安全责任。负责水务企业的行业管理，负责水务行业的特许经营管理；负责管道直饮水的管理以及原水、供水水质日常检测和管理工作；承担全市排水设施（含污水处理设施）的建设管理责任；负责对全市排水运营单位监督考核；负责污水处理费的征收管理工作；制定运营服务费的支付标准，等等。

2. 上海模式

上海市委、市政府根据政府机构改革要求，借鉴国外成功经验，于 2000 年 5 月 13 日组建上海市水务局。新组建的水务局承接了原来由市水利局承担的行政管理职能，由原市公用事业管理局承担的供水及地下水开发利用管理、计划用水、节约用水管理职能，由原市地质矿产局承担的地下水行政管理职能，由市政工程管理局承担的市政排水与污水处理设施及市政公用防汛墙与驳岸等建设和管理职能，集水利、供水、排水、污水处理、地下水开发管理等职能于一身，建立了"一龙管水"的水务一体化管理体制。2009年1月30日，经上海市政府批准的《上海市水务局主要职责内设机构和人员编制规定》规定：将原上海市海洋局职责划入上海市水务局，全面履行上海市水务局、上海市海洋局的职责；上海市水务局要加强水资源和海洋资源管理，促进水资源和海洋资源可持续利用，加强海洋战略研究和对海洋事务的综合协调。至此，上海市水务局承担的主要行政职能包括：负责水资源（地表水、地下水）的统一管理和保护；组织实施排水许可制度；核定水域纳污能力，提出限制排污总量建议；负责水利、供水、排水行业的管理，并承担相应的监管责任；负责海域海岛的监督管理；审核海域使用申请，实施海域权属管理和海域有偿使用制度；负责综合协调海洋事务；承担保护海洋环境的责任；等等。

3. 北京模式

2004年5月北京市水务局成立。目前，北京市水务局承担的主要行政职能包括：负责统一管理本市水资源（包括地表水、地下水、再生水、外调水）；指导饮用水水源保护和农民安全饮水工作；负责供水、排水行业的监督管理；组织实施排水许可制度；拟订供水、排水行业的技术标准、管理规范，并监督实施；负责节约用水工作；拟订节约用水政策，编制节约用水规划，制定有关标准，并监督实施；指导和推动节水型社会建设工作。

（三）水务一体化改革的意义

实践证明，水务体制改革是水资源可持续利用的体制保障。水务一体化在我国实施以来，越来越显示了它的优越性，主要表现在以下几个方面：

1. 为水资源可持续利用提供体制保证

长期以来，我国实行的水资源管理体制是分部门管理，即水源工程由水利部门管理，供水与排水由城建部门管理，污水处理由环境保护部门管理，造成了我国目前水资源利用中严重的突出问题：水资源的浪费与污染。实行水务一体化，对区域的防洪、除涝、蓄水、供水、排水、节水、水资源的保护、污水处理及其回收利用等统一管理，改革"多龙管水"为"一龙管水"。这样水资源统一管理的体制，才能保证水资源的可持续利用。

2. 促进城镇防洪与排水工程建设

随着我国城市化进程的加强，原来就比较突出的城镇防洪排水问题就更加突出。实行水务一体化，既可以从区域上统盘考虑防洪与排水，也可以根据有偿使用的原则，解决部分工程的投资和运行费用，促进城镇防洪排水工程的建设。

3. 有利于提高水利社会化服务水平

长期以来，水利即是农业水利的观点根深蒂固，但是随着社会经济的发展，城市化水平的提高，水利是基础产业的观点必须取而代之。实行水务一体化，水利从以防洪保安、抗旱保农业丰收为主的单纯公益性基础设施向同时兼顾城乡供水、旅游、养殖和排水治污等经营性产业发展，以促进水利基础产业的良性运行与发展。

4. 有利于增强人们的水商品意识

由水利局更名为水务局，虽一字之差，但其职能却向市场经济的现代水利转变，各项水利收费实现了统一征收。这样就有助于提高用水交费的意识，提高珍惜水环境的意识，提高水利在国民经济中的基础地位和作用的意识。

5. 强化了水行政执法工作

以往由于是多部门管水，水行政执法有相当困难，如取水许可制度、水资源费征收制度等实施有相当难度。实行水务统一管理，强化水行政执法工作，丰富水行政执法的内容。实施水务一体化管理，对水资源实行一体化管理，避免了因职能交叉而出现工作推诿和扯皮现象，责任主体更加明确，有利于社会对涉水事务的监督和提高水利部门的社会地位。①

（四）完善水资源管理体制的对策

1. 强化法规体系建设

水务一体化管理后，一些行政职能尚未从法律政策层面上理顺，极易造成全体错位，如供排水、污水处理及水环境治理等。因此，应修订完善供水、排水等相关条例，同时应出台相关政策，进一步协调解决好水务同环保、卫生等部门在职责交叉方面的问题。

2. 健全水务投资管理体制

继续加大公益性水务基础设施建设的政府投入力度。水务企业国有资产出让收益、经营权出让转让收益等，要用于水务事业发展。逐步提高供水价格，使其实现保本微利，创造良好的水务投资环境，加快形成向水务产业倾斜的投融资优惠和税收优惠政策，加大水务设施利用信贷资金、社会资金以及外资等力度。②

3. 正确处理资源管理和服务管制的关系

在我国现行的公共管理体制安排下，水行政主管部门的主要职能是水的资源管理和部分水环境管理（尽管也涉及如农村供水等的服务管制职能），属于社会和环境管理的范畴；建设部门的涉水职能主要是水服务管制，属于经济管制的范畴，主要包括市场管制、价格管制和服务质量管制等内容。在实行城乡水务一体化管理以后，在行政管理方面，资源管理和服务管制将合并到一个部门。由于其属于不同的范畴，其管理手段和措施以及目标都不相同，因此，应正确处理资源管理和服务管制的关系，不能以简单的资源管理模式行使服务管制的职能。

---

① 兰艳琴、梁苑、胡健、莫崇勋：《水务一体化管理发展状况及对策探讨》，载《广西大学学报》（哲学社会科学版）2008年第S2期。

② 高镔：《关于深化水务体制改革推进水务一体化管理的调研报告》，载《水利发展研究》2010年第8期。

4. 正确协调资源管理和环境管理的关系

资源管理和环境管理同属社会和环境管理的范畴，尽管相对于服务管制，其管理手段和措施存在相同之处，但由于水仅仅是环境中一个因素，因此，在许多情况下，将水环境管理的全部职能集中到水管理部门，可能不现实，也不是有效率的体制改革，因为这将同样割裂与环境有关的各种污染和资源的管理。在这种情况下，就需要正确协调资源管理和环境管理之间的关系，也就是经常提及的水量与水质的关系，在水量和水质的行政管理部门不能合一的情况下，按照组织理论，应设立一定形式的交流和协调机制。

5. 正确协调服务管制和环境管理的关系

服务管制与环境管理间的关系与资源管理和服务管制的关系类似，也涉及社会环境管制与经济管制的不同性质、手段和措施的问题。在我国现行的行政管理体制下，对水务管理，无论是否实行城乡水务一体化管理，都需要在服务管制和环境管理之间建立一种交流和协调机制，以统一和协调与水环境保护有关的各种活动。[①]

五、水市场机制保障

（一）我国水市场的发展历程

2000 年年底，浙江省东阳市和义乌市签订了有偿转让用水权的协议，被誉为我国首例城市间的水权交易。2005 年 1 月，横锦水库引水工程正式通水，宣告了我国首例水权交易获得实质性的成功。东阳—义乌水权交易的新意，在于打破了行政手段垄断水权分配的传统，标志着我国水权市场的正式诞生。在此之前，我国的水权分配主要是指令分配和行政划拨。东阳—义乌水权交易从实践上证明了市场机制是水资源配置的有效手段，向人

---

① 沈大军、姜素梅：《城乡水务一体化管理的制度分析》，载《水利学报》2005 年第 9 期。

们直观展示了引入市场配置水资源的潜力。由于当时水权理论的探索刚刚起步，这一事件为水权和水市场的研讨提供了宝贵的素材。这一事件之后大量的研究和争论，使得人们逐步形成共识：一方面，为了提高水利用率、优化水资源配置，有必要引入市场机制；另一方面，建立和完善中国的水权制度，建立符合市场规则的水权流转机制，又需要一个长期的过程。

从东阳—义乌水权交易开始，实践中有越来越多的水权交易事件涌现。例如，漳河利用水市场手段实现跨省调水、调节用水矛盾；甘肃张掖农民用水户之间的灌溉水权转让；宁夏、内蒙古自治区投资节水、转让水权，进行大规模、跨行业的水权转换。水市场的引入实现了水资源优化配置和科学管理，提高了水资源利用效率和效益，缓解了水资源供求矛盾。黄河中上游的宁夏、内蒙古的水权转换工作，是我国水市场探索中的重要范例。由于内蒙古和宁夏达到了黄河分配的用水指标，两自治区为了解决工业和城市发展的用水问题，只能通过调整用水结构、大力推行灌区节水解决。根据水权转换的思路，两自治区尝试通过农业节水、将节余水量有偿转让给工业项目，探索出了水资源优化配置的有效途径。2004 年 5 月，水利部出台了《关于内蒙古宁夏黄河干流水权转换试点工作的指导意见》，紧接着黄河水利委员会发布了《黄河水权转换管理实施办法（试行）》，为黄河上中游地区的水权转让提供了依据。截至 2004 年 12 月，黄河水利委员会已批复水权转让项目五个，其中宁夏三个，内蒙古两个，节水改造工程共投资 3.26 亿元，年转换水量 0.98 亿 m^3。宁夏、内蒙古的水权转换工作，是我国北方缺水流域水权市场实践的开始，对于我国水权市场的进一步探索有深远意义。

经过一系列理论和实践探索，水利部已经形成了一套完整的水权改革思路。这套思路将水权管理划分为三个阶段：首先是确立总量和定额两套指标，把水资源的使用权指标逐级分解，并结合总量指标核定各种微观用水单位的用水定额；其次是运用多种手段保障水权的实施，采取法律、行政、科技，特别是经济手段，使控制指标成为每一个用水单元的权利依据；最后是允许用水户和用水单元节约的水量有偿转让，这样就形成了水权市场。2005 年 1 月，水利部正式发布了《关于水权转让的若干意见》，将可转让的水权转让的主体界定为在一定期限内拥有节余水量或者通过工程节水措施拥有节余水量的取水人。[①]

（二）水市场的特点

广义的水市场，泛指价格机制在水相关领域发挥作用形成的各种市场，例如取水权市场、供水市场、排污权市场、废水处理市场、污水回用市场等。目前谈论比较多的是取水权市场和供水市场。供水市场发生在供水机构与众多用户之间，而取水权市场发生在取用水户之间。通常说的水权市场实际上是指取水权市场。

在现实转型期条件下，我国的水市场只能是一个准市场。所谓准市场是指流域水资源在兼顾上下游防洪、发电、航运、生态等其他方面需要的基础之上，兼顾各地区的基本用水需求，部分多样化用水市场化，在上下游省份之间、地区之间和区域内部按市场化加以配置，这是一个完整的、宏观和微观相结合的供水水资源市场。

水资源是一种具有多重特性的自然资源，包括自然特性、生产特性、消费特性和经济特性。从自然特性角度看，它可以循环再生，但是储量有限，它空间和时程分配不均，多则成涝、少则为旱，而且自然界需要大量的生态环境用水；从生产特征角度看，它的长期供给有自然极限，短期供给依赖于水利设施，水利设施往往投资很大，投资周期长，具有公共物品的特点，使得水供给具有区域自然垄断性，通常由地方政府部门提供，而且地表水上游地区取水处于自然优先地位；从消费特征来看，水需求同时包含水量需求和水质需求，人类用水有一个弹性很小的基本用

[①]　王亚华：《关于我国水价、水权和水市场改革的评论》，载《中国人口·资源与环境》2007 年第 5 期。

水，而大部分用水为弹性相对较大的多样化用水。占用水很大比重的农业用水和降水呈逆向波动，农业节水依赖于用水管理和节水技术设施，需要较大的节水投资。从经济特性来看，水利设施提供的服务具有混合经济特征，既有私人物品的属性，又有公共物品的属性。一些水利设施提供的服务主要具有私人物品特征，比如水电和供水，竞争性很强，而且具有独占性，这种属性决定供水通过水市场配置最有效率；有些水服务则主要具有公共物品特征，比如防洪、河道治理、水文监测、水质保护等都属于公共物品的范畴，具有非竞争性和非独占性，需要由政府来提供这些公共服务。因此，水市场只能在供水、水电、灌溉等这些具有私人物品特征的有限领域内发挥作用，水市场不可能是一个完全市场。

水资源还有独特的地域特征，以流域或水文地质单元构成一个统一体，每个流域的水资源是一个完整的水系，各种类型的水不断运动、相互转化，例如水可以从上游向下游流动，地表水和地下水可以相互转化。水资源的以流域为整体的特征，客观上要求流域统一管理、统一水量调度，目前世界上许多国家都强调对水资源实行统一管理，我国这方面也已引起高度重视。以黄河为例，黄河的水量调度要综合协调解决防洪防凌和发电、发电与灌溉及上下游用水、汛期下游引水与防凌、汛期水库蓄水与河道泥沙冲淤、工农业供水和生态用水、地表水和地下水等各方面的矛盾，这是一项非常宏大而又复杂的系统工程，如果没有统一管理、统一调度，综合协调这些矛盾是难以想象的。基于此，供水、灌溉和水能等水需求必然受制于防洪、防凌、冲沙、生态保护等其他水需求，这使得水市场即使在水资源私人物品属性的领域内也要受制于水资源利用的多目标性。

在地区差距过大的情况下，公平的市场交易难以发生。有关研究表明，中国目前的地区差距是世界上最大的国家之一。在地区差距如此显著的情况下，水市场难以自发产生，必须和政治手段相结合，建立协商制度和利益补偿机制来保障水市场的实施。[1]

（三）水市场的功能

1. 培育和发展水市场有利于水资源优化配置

水权包括水资源的所有权和使用权及相关权利，根据《宪法》和《水法》规定，水资源属于国家所有。在所有权国有的前提下，水权主要指水资源的使用权，水权是用水户对水资源进行利用的基础条件。按照中国和世界上大多数国家的水法或相关法律规定，用水必须预先取得管理部门的许可，实质上就是要取得相应的水权。取得水权的用水，受到法律保护。由于不同地区、不同行业的用水量和用水效率不同，同一地区、同一行业内部不同用户的用水效率不同，各类用水之间、同类用水的不同用户之间用水效率也是不同的，随着用水效率的改变，各个用水户的用水量也在动态变化着。如果建立水权交易机制，在节水的基础上促进水资源从低效益的用途向高效益的用途转移，就能够提高水资源的利用效率和效益，促进水资源优化配置。东阳和义乌水权转让案例中，通过水权交易，东阳在节水的基础上以高于1元的价格将横锦水库的部分水转让给义乌，义乌以低于6元的价格接受东阳转让的水资源。通过水市场重新配置，两个城市总取水量没有增加，却满足了经济社会发展的需要，发挥的效益也增加了。

2. 培育和发展水市场是实现水资源优化配置的必然趋势

水权交易有利于促进水资源的优化配置，但是水权转让的发生需要一定的经济体制背景和资源条件。只有在市场经济体制下和水资源稀缺的情况下，明晰水权、转让水权才是有意义的，也才是可能的。在计划体制下，用水量的改变只要通过计划部门重新调配用水计划就可以实现，不需要交易。当然，这需要计划部

---

① 胡鞍钢、王亚华：《转型期水资源配置的公共政策：准市场和政治民主协商》，载《中国软科学》2000年第5期。

门随时掌握各个用水户的用水效率和效益，调出水的地区或单位也要有节水积极性的条件下才能实现，而这两个条件往往很难达到。在没有引入市场机制时，要判断水对各个用水户的价值并把水分配给边际价值最高用途的成本是非常高的，以至于计划部门不可能掌握消费者随时变化的支付意愿和厂商的生产成本，不可能及时掌握各类用水的边际价值并重新分配水资源。计划不可能包罗万象，政府部门也不可能及时了解水市场瞬间的千变万化。同时，如果水资源不稀缺，用水户可以轻而易举地取得水资源，根本不需要购买水权。水权制度的建立和完善需要付出成本。只有当水资源的稀缺性超过一定程度，建立水权制度的收益超过成本时，建立一种水权制度在经济上才是可能的。在目前的技术条件下，水权交易的交易成本比较高（主要是输水费用），所以只有在水资源相当稀缺的地区，水权交易才有所发展。例如在美国，西部水资源短缺，水权和水权交易得到发展；东部水资源比较丰富，可以轻易获取，所以水权交易很少发生。中国水资源短缺，随着经济和社会发展，水资源供求矛盾日益突出的同时，中国在严重缺水的情况下用水浪费也十分严重，节水潜力很大。要促进用水户节水，必须使用水户节水的收益超过节水的成本。在国家监管和调控之下，实行水权转让，允许用水户将节约的水资源通过水权交易获得收益，利益驱动会使节水成为用水户的自觉行动。如果不分配水权、不允许水权交易，节水不能带来收益，加上中国目前实行的福利水制度，用水户缺少节水的动力，节水很难推广。随着中国经济社会的发展，水资源短缺矛盾将进一步加剧，水权转让势在必行。中国经过三十多年的改革开放和发展，经济发展的体制环境发生了重大变化，市场机制在配置资源中日益明显地发挥决定性作用。[1]

---

① 黄河：《培育和发展水市场促进水资源优化配置》，载《水利发展研究》2002年第11期。

（四）建立水市场面临的制度困境

1. 制度供给不足

制度供给是指制度的生产，是基于对制度需求的回应，为主体的行为提供某些准则或规则。当这种回应不能满足主体发展对制度的需求时，就会导致制度的供给不足，由此会导致制度出现真空或者低效运行。由于建立和培育水市场的核心就是在清晰界定水权的基础上，引入市场机制提高水资源的配置和使用效率，因此水市场至少应包括水资源权属机制、水权交易机制和水价形成机制。而从目前来看，水市场制度体系的内容存在缺失，即总体性供给不足：

第一，关于水资源权属机制。《中华人民共和国宪法》第9条规定：矿藏、水流、森林、山岭、草原、荒地、滩涂等自然资源，都属于国家所有，即全民所有。《水法》第3条规定：水资源属于国家所有。《物权法》第123条规定，依法取得的探矿权、采矿权、取水权和使用水域、滩涂从事养殖捕捞的权利受法律保护，这实际上是将取水权归为用益物权的范畴。然而，以上规定均具有概括性和原则性，这使得我国现行水资源管理注重水资源的经济价值而忽略了水资源的社会价值和生态价值，从而导致管理的行政性突出而公共服务特征尚未显现。而且，除《物权法》规定取水权之外，水权中其他权利内容并未在立法中得以体现，例如《水法》第3条仅规定国家保护依法开发利用水资源的单位和个人的合法权益，并没有明确规定水资源使用权。因此，宪法所规定的水权实际上并未具象为各种具体权利，立法上对国家、全民、私人之间的水资源权利的分配并未完成，由此而带来制度和实践中的模糊不清。

第二，关于水权交易机制。由于现行立法对区域行业水权的可转让性尚无明确规定，对取水权的转让亦只作了原则性的规定，因此水权交易机制尚缺乏降低交易成本和保障交易安全等方面的具体制度的支撑。例如，水权交易机制中所必需的水权交易审批制度、水权交易协商制度、水权交易价格监管制度等具体制度基本上处于阙如状态。

第三，关于水价形成机制。由于水价中包含了水资源费、供水成本和合理利润、污水处理费，而其中关于水资源费这一部分，目前只考虑到基于人类劳动投入所产生的那部分价值，即水资源的开采成本，而忽略了水资源自身的价值。如此便使得水资源费所体现的并非水资源的全部价值，且不能足额补偿水资源的价值。此外，在水资源费征收和管理方面，还存在诸如水资源费尚未征收或者征收标准偏低尚未制定统一的征收管理办法等问题。

此外，我国水市场法律制度供给还表现为结构性不足，即制度体系的不完善和功能弱化。例如立法层次不高，缺乏一部具有综合性纲领性和基础性的《中华人民共和国水资源法》；立法过于原则化，一些原本应该由法律或法规规定的事项往往由行政规章或者其他层级较低的规范性文件加以规定；已有的制度规范可操作性不强，且较难适用，这一点在公众参与水资源治理方面表现得尤为明显。由于规定并不具体，加上保障制度缺乏，我国公民参与环境保护的人数涉及范围、深度以及影响力都十分有限。

2. 制度供给过剩

制度过剩即是指相对于制度需求而言，某些制度是不必要的，或者某些已经落后于实践需求的、无效的制度仍然在运行，这就造成了制度供给过剩。我国水市场发展的制度供给过剩主要表现为主动性过剩，突出地表现在管理机制方面政府的过多干预，从而不利于对水市场的培育。我国现行水资源管理仍然表现为单一的管理模式。尽管我国现行水资源管理贯彻流域管理与行政区域管理相结合的原则，但实际上仍是完全依据行政体系而建，其由各级政府组织、半行政半事业的流域管理局和政府主管部门下属的分散的专门的事业性组织组成，除增设了流域管理机构外，水资源治理仍保持着以政府为主体的行政治理特征。

因此，在水资源管理实践中，一方面，行政管理体系仍然存在机构交叉、权限重叠等问题，实现水资源整体治理的制度障碍仍然存在；另一方面，单一的政府水资源管理在获取市场信息、促进效率提高等方面的缺陷，使得水资源的配置无法达致效率的最大化。就政府管理主体内部来看，则呈现各自为政的局面。水资源治理涉及众多利益关系，包括区域利益、部门利益、个人利益等诸多方面。因此，在水资源治理过程中就有可能存在治理主体成为本区域、本部门甚至个别主体的利益代表，而忽略社会整体利益的需求。例如，在区域水资源管理中，尽管宪法规定水资源属于国家所有，但同时立法又授予各级地方政府对本管辖区域内水权的配置、水资源的开发利用和保护具有实质性的决定权，因此在事实上形成了对水资源国家所有权的横向分割。在此背景下，显而易见的是，各级地方政府作为本区域利益的代表，在水资源的管理过程中必然表现出以本区域的需求为中心的自利性，进而在水资源的全国统一管理中难以保持方向一致形成合力。又如，从部门管理的角度看，水资源管理涉及包括水利、能源、交通、城建、环保等十多个政府部门，各个部门分别对涉水事务进行管理，在事实上形成了对水资源国家所有权的纵向分割。表现在实践中，往往出现各职能部门只关注部门利益而缺乏整体和全局观念的现象，从而人为地割裂了水资源的统一性和整体性。[1]

（五）建立水市场的路径

第一，在水资源所有权制度建设方面，需要在以下几个方面进一步充实和加强：一是不断完善和加强主要涉水法律制度。《水法》、《防洪法》、《水土保持法》、《水污染防治法》的执行和实施，为国家在宏观上对水资源进行有效监管和保护奠定了坚实的法律基础，但是同时也需要根据形势发展的需要不断完善。二是建立和完善国家水资源综合规划制度。这一制度要使国家水资源规划内容具有法定的约束力和调控效力。国家可根据社会经

---

[1]　张莉莉：《我国水市场法律制度的非均衡研究》，载《河海大学学报》（哲学社会科学版）2013 年第 1 期。

济发展的五年规划，并结合水资源的发展状况和需求状况，编制全国水资源开发利用近期和中长期规划，以及综合开发利用和保护的规划，编制水资源配置、水功能区划和河流水量分配方案等政策性规划。三是建立健全流域水资源分配的协商机制。这一机制要能让流域内的各种利益主体平等参与，在分配的程序上实行民主协商机制，建立基于平等参与的全流域地方政治民主协商制度。让一定的组织来代表用水户的利益，在流域上下游之间建立协商机制。而流域地方政府是最有效的水权代表者，可以在较大程度上代表地区和用水户的利益，尽可能通过政治协商的方式和其他地方政府之间建立起一种组织成本较低的协商机制。

第二，在水资源占有权制度建设中，需要重点建设的内容主要包括：一是建立用水总量宏观控制指标体系。由国务院水行政机关和流域机构组成的水量分配机构向各省级区域和主要用水行业进行总水量分配，进而再向下一级行政区域分配水量，区域负责向用水户配置水资源。区域配置的水资源总量不超过区域宏观控制指标，流域内各区域配置的水资源总量不超过流域可配置总量。二是建立用水定额指标体系。合理确定各类用水户的用水量，为向社会用水户分配水权奠定基础。制定各行政区域的行业生产用水和生活用水定额，并以各行各业的用水定额为主要依据核算用水总量，依据宏观控制指标，科学地进行水量分配。三是建立健全取水许可制度。让取水单位和个人按照法定程序获得许可水权，并对他们许可水权的使用进行监督管理，包括对使用目的、水质等方面的监督管理。四是建立水权的登记及管理信息系统。对用水户的初始水权和许可水权进行登记和确认，保证初始水权和许可水权的基本稳定，并对水权的调整、流转和终止进行规范管理。五是建立用水计量管理制度。用水定额和总量控制，以及用水权登记、管理和行使必须以用水计量为基础，否则会在一定程度上模糊水资源的占用权，从而导致相应的浪费行为。

第三，在可交易水权的界定和管理方面，主要的制度创新包括：一是制定水权流转管理条例。对水权转让的条件、审批程序、权益和责任转移以及对水权转让与其他市场行为关系的规定，包括不同类别水权的范围、转让条件和程序、内容、方式、期限、水权计量方法、水权交易规则和交易价格、审批部门等方面的规定。二是制定水权价格管理条例，理顺水价形成机制。在具体操作中，让水权转让价由水权交易双方自主定价，政府不予干预。而针对水费，地方政府可根据本地区水资源情况自主确定。三是制定水权交易的中介服务条例，培育水权交易中介组织。在具体实践中，通过成立水权咨询服务公司，提供如下服务：对水权的有关档案材料进行鉴定；提供水权调查报告；代编水权管理计划；提供地理信息服务；对水权的实际价值进行评估；申请新水权；代理诉讼；对灌区进行审查并对灌区公司资产进行评估。

第四，在水市场制度建设方面，需要重点完善以下制度安排：

一是建立和完善国家出让水权的相关法律制度。只有在规范一级水权市场的前提下，才能确保水权市场的运行对水资源的保护和可持续发展，以及公共利益不会产生危害，这样才能真正发挥市场调节在配置水资源中的积极作用。否则，水权市场的发展可能提高了用水经济效率，但危害了水资源的可持续发展。完善水权出让的法律体系，就是在《水法》以及其他涉水法律的基础上，结合取水许可制度、全国水资源规划和流域综合规划，对出让水权的依据、范围、程序、方法、用途和法律责任予以明确界定和澄清。使国有水权出让有清晰的法律规定可以参照和遵循。

二是建立和完善可交易水权审批和评估的相关法律制度。对可交易或可转让水权的权属性质、范围和规模，在上市交易之前需要进行依法审批。为了规范审批程序，推进二级市场发展，必须有完善的法律规章制约权限审批行为。一方面，规范申请者的水权获得以及水权交易申报；另一方面，规范审批和评估者的审批和评估行为，使审批和评估内容具有较高的权威性和可信度。

三是建立和完善水权市场交易规则的相关法律制度。水权市场虽可参照资源市场和金融市场的运作方式，但水权市场又与一般商品市场和金融市场有着较大区别。这些规则的施行，必须有相关法律、法规作为依据。在建立水市场的过程中，必须建立起具有法律效力的水权水市场交易规则，来规范市场行为和维持市场秩序。

四是建立和完善水权市场交易监督和管理机制。市场的正常有序运行以及健康发展，离不开对市场的有效监督和管理。对水权市场也是如此，必须具有对水权市场运作过程的有效监督和管理，才能保证水权市场的运行对水资源优化配置和有效保护起到积极作用。水权市场的监督和管理机制的建立，取决于政府。政府需要成立相应的监督和管理机构，确保水权市场的交易主体能够公开、公正依法进行交易。尤其是要监督和管理交易主体的资质、信息披露、交易过程，维护公正、合理的市场秩序，促进市场的健康发展。①

第五，对第三方不良影响的补偿机制。第三方是指未参与水交易而受水交易活动影响的个人或团体。完善的水市场还要有保护由于水权交易而受到损害的第三方利益的制度，对第三方的不良影响主要有：由于上游用水对下游的影响，特别是上游水权所有者将水权出卖给消耗型用水。这样必然会影响下游的水量和水质。向水体排放污染物而影响水体的其他使用者。水质的下降必然会降低水的使用价值，如果水权只规定了用水数量，没有注明水质参数，那么政府必须建立全流域的水质管制并向排污者收费，否则水质的不确定性会增加水权交易的风险。如果水权交易发生在地区之间，通常对买方的地区产生积极的间接影响，而对卖方的地区产生消极的间接影响，如减少与水相关职业的就业机会。从全国范围看，只有买方地区的所得不小于卖方地区的所

---

① 陆益龙：《水权水市场制度与节水型社会的建设》，载《南京社会科学》2009年第7期。

失，水权交易才是有效率的。为了解决对第三方的不良影响，必须建立相应的机制使得决策者在决策时考虑对第三方的影响，以实现对第三方不良影响的补偿。

第六，水权的初始分配。水权的初始分配就是按照一定的原则分配水资源的使用权，水权的初始分配是水市场发展的重要问题。从效率角度看，水权的初始分配是不重要的，但水权的初始分配是个公平问题。基于我国国情并借鉴国外建立水权制度的经验，水权初始分配应遵循以下原则：一是优先保障生活用水和生态用水原则。应当优先考虑居民基本生活用水和生态系统用水需求，然后对多样化用水进行水权初始分配。二是保障社会稳定和粮食安全原则。作为一个发展中的大国，任何时候，保护粮食安全和社会稳定都是水资源配置中需要优先考虑的目标，不能只考虑经济效益，不考虑社会效益。三是时间优先原则。以占有水资源使用权的时间先后作为优先权的基础。四是地域优先原则。与下游地区和其他地区相比，水源地区和上游地区具有使用河流水资源的优先权。五是承认现状原则。在一地区已有引水工程从其他地区取水的条件下，承认该地区已有工程调节的水量拥有水权。六是合理利用原则。申请水权的地区或用户必须能够证明所申请的水权是节约使用和合理利用的。七是公平与效率兼顾、公平优先的原则。水权的初始分配必须充分体现公平性原则，这样落后或欠发达地区才能在发展阶段通过转让水权获得发展资金，而发达地区可以通过在市场上购买水权满足快速发展对水资源的需求。在满足公平性的前提下，把水资源优先配置到经济效益好的地区和部分。八是留有余量原则。由于不同地区发展程度各异，需水发生时段不同，人口增长和异地迁移会产生新的对水资源的基本需求，同时还要考虑生态需水的基本要求。因此，水权分配时，必须保留一部分水权，不能分光吃净。[①]

---

① 冯耀龙、崔广涛、王安源：《我国水市场机制建立的分析探讨》，载《河北水利水电技术》2003年第4期。

第四章 河北省实施最严格水资源 管理制度的对策

一、实施条件

(一) 水资源管理体制改革逐步深化

多年来，河北省积极推行水资源统一管理，落实各项水资源管理制度，在多数市县探索了城乡一体化的水务管理体制改革。截止到目前，全省 11 个设区市中有 9 个设区市、128 个县（市、区）挂牌成立水务局，其中 72 家水务局初步实现了对城乡供水的行政管理。衡水、承德、邢台、石家庄 4 个设区市行使了供水、节水、排水、污水处理和回用等涉水事务的管理职能，初步实现了城乡水务一体化管理。

(二) 节水型社会试点建设成效显著

2006 年，河北省委、省政府组织开展了"节水型社会建设年"活动。着力加强石家庄、廊坊、邯郸、衡水桃城区 4 个国家级试点，元氏县、成安县等 10 个省级试点和 22 个市级试点建设，全省共有 67 个县（市、区）开展了节水型社会建设，占全省总数的 39%。各试点紧紧抓住水量分配、节水激励、用水计量、协会建设和水量流转等关键环节，分别建立了"一提一补"、"浮动定额"、"阶梯水价"等各具特色、实用有效的自主节水激励机制，实现了节水与用水户利益挂钩。试点建设 5 年来，新增节水灌溉面积 59.13 万 hm^2，灌溉水利用系数由 2005 年的 0.61 提高到 2009 年的 0.636。河北省积极推进工业企业节水技术改造升级，全省万元工业增加值取水量由 2005 年的 $77m^3$

下降到 2009 年的 45.5 m³。开展了全省地下水取水许可总量控制指标分配和滹沱河取水许可总量控制指标分配工作。颁布实施了《河北省用水定额》地方性标准，初步建立了微观定额指标体系，为实现用水总量控制定额管理和提高用水效率提供了科学支撑。

近年来，河北省采取多种形式，组织开展节水宣传进乡村、企业、机关、学校活动，形成了电视上有影、广播里有声、报刊上有文、道路旁有牌、墙体上有图、包装上有字的多方位立体宣传模式。通过宣传，公众参与节水热情空前高涨，由过去的"要我节水"转变为"我要节水"，营造了文明用水、节约用水的良好风尚。

（三）水资源保护工作全面推进

经河北省政府批准，颁布实施了《河北省水功能区划》，实行了重点水功能区监测通报并核准公布了重要饮用水水源地名录，组织开展了入河排污口登记、审批和监督管理；全省城市重点饮用水水源地实行了水质旬报制度，整治取缔了城市饮用水水源二级保护区内的入河排污口；开展了以百泉复涌为目标的邢台市水生态系统保护与修复试点工作；开展了以城市自备井关停为重点的地下水保护行动，11 个设区市共关停城区自备井 1500 多眼，减少地下水开采量 1.6 亿 m³；加大污水处理厂建设力度，污水处理率从 2005 年的 31.5% 提高到 2008 年的 42.9%；开展了全省城市污水处理回用规划编制工作；核定水功能区水域纳污能力和提出限制排污总量意见工作，依法向省环境保护部门提出了限制排污总量意见。河北省率先在子牙河水系主要河流实行了市界断面水质目标考核并扣缴生态补偿资金的办法，子牙河水系水质状况有了明显改善。

（四）水资源管理水平明显提高

认真贯彻落实水资源论证制度，严格水资源论证资质单位管理，全面完成了新版取水许可证核发工作，加强了水资源费征收管理，完善了水资源费征收标准体系。充分发挥水资源在经济建设中的作用，开展了曹妃甸循环示范区总体规划等水资源论证工作，保障了首钢搬迁、曹妃甸、富士康、任丘石化等一大批重点建设项目用水安全。完成了承德、石家庄、邯郸等9个设区市的水资源实时监控管理系统可研和初步设计，承德、石家庄等市的水资源实时监控与管理系统正在抓紧建设。积极探索农民自主参与、民主管理的管理体制，全省共建立农民用水者协会3000多个，安装IC卡智能计量设施1.5万套，其他计量设施50余万套。组织开展了水资源评价、土壤水评价、节水型社会建设规划、水资源综合规划、城市饮用水安全保障规划和南水北调受水区地下水压采方案等基础性工作。逐步建立以计量设施为基础、通信系统为保障、计算机网络为依托、决策支持系统为核心的水资源实时监控和调度系统，现代化管理手段大大提升水资源科学管理的能力。井灌区或计量设施较好的渠灌区，推行计量收费、终端水价和"一提一补"水费收取制度，为各行各业特别是农业提高用水效率提供可靠保障。2009年6月，省政府常务会研究通过了《河北省严重缺水应对方略及近期实施意见》，提出了应对严重缺水的八大方略，成为河北省今后一个时期水资源实现可持续发展的重要指导思想。①

（五）用水总量控制与定额管理机制初步形成

完成了全省各设区市取水许可总量控制指标制定，明确了区域用水总量控制指标，修订完善并发布了《河北省用水定额》。《河北省用水定额》涵盖128个工业行业、478种产品用水定额；25个生活部门、50种门类用水定额；7类农业灌溉分区、两种保证率、7种大田主要农作物灌溉用水基准定额，以及各分区不同灌溉水源、灌区规模和灌溉方式调节系数；5类蔬菜、4种果树灌溉用水定额；3类牲畜用水定额和各分区两种降雨频率下的渔业用水定额。初步建立了区域微观定额指标体系。开展了用水

---

① 郭卓然、边文辉：《河北省实行最严格水资源管理制度的初步设想》，载《水科学与工程技术》2010年第S1期。

量指标分配，全省共有 610 个试点村（镇）开展了水量分配，颁发了《水权证》。

（六）水资源优化配置工程加快推进

截至 2008 年，河北各河系上游建成各类水库 1085 座，大中型闸涵枢纽 180 余座，山丘区修建了 30 多万处小型集雨工程。为发挥已建工程效益，实现区域水资源合理配置、互济互补，7 个设区市建起了城市供水专用通道，保定、唐山、秦皇岛、邯郸市依托现有河道、渠系，抓紧构建生态水网。依托南水北调中线、东线主体工程，构建两纵六横十库（引、输、蓄、调）的供水网络体系。南水北调中线京石段全线完工，已开始向北京应急供水，邯石段全线已开工建设，2014 年河北可用上长江水。为解决黑龙港地区用水问题，谋划并抓紧推进引黄工程，建设东、中、西三条引黄专用通道，力争用足引黄指标。①

（七）水资源法规体系初步建立

近年来，省政府制定了《河北省水资源费征收使用管理办法》、《河北省取水许可制度管理办法》、《河北省全社会节约用水若干规定》、《关于公布平原区地下水超采区和严重超采区划定范围进一步加强地下水资源管理的通知》、《关于开展城市自备井关停与地下水限采工作的通知》、《关于加强城市饮用水水源地保护工作的通知》等一批政府规章和规范性文件，《河北省实施〈中华人民共和国水法〉办法》已经河北省第十一届人民代表大会常务委员会第十九次会议于 2010 年 9 月 29 日通过，核心内容就是加强水资源管理，把实行最严格水资源管理制度上升到法律层面。这些政策法规，为河北省实行最严格水资源管理制度提供了法制保障。②

---

① 梁建义：《从战略上谋划河北水资源的可持续利用——破解河北省水资源难题的几点思考》，载《水利发展研究》2010 年第 8 期。

② 郭卓然、边文辉：《河北省实行最严格水资源管理制度的初步设想》，载《水科学与工程技术》2010 年第 S1 期。

二、主要问题

根据目前实行最严格水资源管理制度的工作方案，结合加快试点工作的情，当前亟须解决以下主要问题。

（一）红线控制指标分解的技术问题

确定水资源管理"三条红线"主要控制指标，是实施用水总量控制、用水效率控制和水功能区限制纳污的基础和前提。2011年中央一号文件明确了2020年我国水资源管理的红线控制指标，《国务院关于实行最严格水资源管理制度的意见》中进一步明确了2015年和2030年我国水资源管理的红线控制指标。在国家层面，我国水资源管理的红线控制指标已经基本明确，目前最为迫切的是对国家层面的宏观控制指标进行分解，建立省、市、县三级行政区域水资源管理红线指标体系，然而，红线控制指标的分解却十分复杂，具体来说：

一是大部分江河的水量分配方案尚未制订。水量分配方案是将一个流域内各种形式的水资源分配到各行政区域的计划，其制订要综合考虑流域内各行政区域的用水现状、地理、气候、水资源条件、人口、土地、经济结构、经济发展水平、用水效率、管理水平等各种因素。可以说，水量分配方案是建立水资源开发利用控制红线的基础性支撑。根据我国水法有关规定，水量调度计划、年度用水计划等都要据此制定。在缺少水量分配方案的前提下，用水总量控制指标只能通过水资源综合规划和现状供用水量等进行简单的推算，缺乏足够的依据。

二是万元工业增加值用水量影响因素复杂。一个地区的工业用水水平受到区域经济社会的发展水平、水资源条件、工业行业结构、行业规模和节水管理水平等因素的制约。我国地域广泛，不同地区的经济社会发展水平不同，水资源条件各异，产业结构规模和节水管理水平等也存在很大差异，这无疑给万元工业增加值用水量指标的分解带来了极大的困难。如果采用按量削减的方法，仅一个省级行政区测算的工作量就非常大，难以满足落实最严格水资源管理工作的迫切需要；如果按照比例削减的方法，难免会导致"一刀切"的现象发生。在基数不同的情况下，同样的比例会产生不同的削减量，可能与区域的实际情况不符。

三是重要江河湖泊水功能区水质达标率的影响因素也很复杂。影响水功能区水质的主要因素包括两个方面：一个是水体中水污染物的含量，其主要来源可分为两部分，一部分是自然因素产生的，如土壤中的氮、磷等营养物质随降水汇入水体中，这主要受土壤、气候等自然条件的影响；另一部分是由人为因素产生的，如工业废水排放，既与上游来水中水污染物含量有关，又受本区域的产业结构、规模、治污措施等因素的。影响水功能区水质的另一个因素是水量，这主要取决于上游的来水量。在水功能区水质形成机理十分复杂的前提下，科学分解重要江河湖泊水功能水质达标率指标的难度很大。

合理制定红线控制指标是有效落实最严格水资源管理制度的关键。指标制定得合适，则可以发挥其在经济布局、产业发展、结构调整中重要的约束性、控制性、先导性作用，促进经济社会又好又快发展；如果指标制定得不合适，与实际情况严重偏差，则执行得越严格，反而会与目标背道而驰，甚至会对当地的经济社会发展产生不利的影响。考虑到各地区之间实行最严格水资源管理工作基础很不平衡，可以在条件成熟的地区先试先行，再全面铺开；或者先在全国层面初步分解，在实践当中不断摸索科学合理的红线控制指标分解方法，并适时对指标进行调整，待较为完善后，加以严格考核。

（二）制度衔接和完善问题

最严格的水资源管理包括四项制度，而其中三项制度是与"三条红线"一一对应的，这三项制度分别是用水总量控制制度、用水效率红线控制制度和水功能区限制纳污制度，还有一项重要的制度是水资源管理责任和考核制度。这四项制度虽然反映的是水资源管理的不同方面，但是各项制度的内部制度与制度之间却有着极为密切的联系和内在关系。以用水总量控制制度为例，它主要包括水量分配方案、年度用水计划、取水许可等制度。当一个区域的用水总量控制指标确定后，要据此制订相应的年度用水计划，对行政区域内的年度用水实行总量控制，以使本行政区域各行各业的用水不突破各个行业的用水总量指标；而年度用水计划的实施要通过取水许可制度加以保障，要明确区域各类水源的取水许可总量的控制指标。而用水总量控制指标也需要通过用水效率红线，在用水这个环节上具体实现和保障。通过用水总量和用水效率的有效控制，将为水功能区限制纳污红线控制指标的实现创造良好的条件。水资源管理责任和考核制度则对以上三项制度的实施和红线控制目标的实现起到约束和督促的作用。

水法中虽然确立了水资源管理的主要制度，但是对各项制度之间的衔接关系并未作出详细的规定。要把最严格水资源管理制度落到实处，确保红线控制指标不能逾越，必须进一步研究建立和完善最严格水资源管理制度的制度体系和制度内容，同时要深入研究四项制度内部及制度与制度之间的内在关系，作好制度之间的衔接和配合。

从制度建设可持续性看，当前的制度现状与最严格水资源管理制度的要求存在一定的差距，制度衔接也存在诸多困难。一是关于总量控制管理制度体系，地下水总量和水位控制制度需建立，一些基础性的制度还需配套。二是关于用水效率管理体系，建设项目节水设施管理制度需要完善，有利于水资源优化配置的水权交易制度需要建立，节水产品淘汰名录制度以及用水效率强制性标准制度需要建立。三是关于水功能区有关管理制度体系，入河排污口登记审批和监督管理尚待完善，入河排污总量控制制度尚未建立，饮用水水源地核准和安全评估制度尚未建立，饮用水水源地管理有待完善，生态用水及河流健康指标体系需要建立。

（三）红线控制手段问题

要确保红线控制指标不能逾越，需要相应的措施和手段。三条红线比较来看，水资源开发利用控制红线管理手段较为完备，用水效率控制红线管理手段较为薄弱，而水功能区限制纳污红线管理手段最为薄弱。

用水效率控制红线包括两个红线控制指标，即万元工业增加值用水量和农业灌溉水有效利用系数，分别表征工业和农业的用水效率。工业用水效率控制红线管理的核心是用水定额，根据用水定额和各用水户的产品量和人口数，下达各用水户的用水总量，即用水计划，实行超定额累进加价制度。

水功能区限制纳污红线控制指标为重要江河湖泊水功能区水质达标率。与主要污染物的控制密切关联，水利部门具有水功能区水质状况监测的职能，但是缺乏控制污染物排放的有效手段和刚性措施，仅能采取限制审批新增取水和入河排污口等有限措施。针对红线控制手段薄弱的问题，应多种手段并兴举，确保红线控制目标的实现。要继续推进水资源合理配置和高效利用工程体系建设，加大水生态保护和修复力度；大力推进水务一体化进程，统筹城乡水源地建设、供水、用水、排水、污水处理及再生利用；把规划和项目建设布局水资源论证、节水设施"三同时"等纳入行政许可；建立和完善国家水权制度，充分运用市场机制优化配置水资源。

（四）协作机制问题

实行最严格水资源管理制度是一场制度的变革，具有广泛的社会影响，需要各有关部门之间紧密配合。例如，在红线控制指标确定和分解过程中，要征求发展改革、环保等部门以及有关地方人民政府的意见；红线控制指标现状数据的获取需要发展改革、统计等部门的配合；监督考核涉及发展改革、环保、统计、监察和干部管理等部门；相关配套政策及具体制度的建立和完善还涉及其他相关部门，如节水激励政策的出台需要财政部门的支持和配合。因此，只有省政府各有关部门加强沟通、协调和协作，才能确保最严格水资源管理制度落到实处。因此，有必要成立以省政府水行政主管部门为主导，各相关部门广泛参与的协作机制，明确各部门的职责分工，各司其职，密切配合，形成合力，确保实行最严格水资源管理制度目标的实现。[①]

（五）资源性缺水与工程性缺水并存

河北省多年平均降水量为532mm，水资源总量205亿 m³，人均水资源占有量307m³，为全国平均值的1/7，远低于国际公认的人均占有量500m³的极度缺水标准。加之河北省近年来自产水量和入境水量大幅减少，用水量大幅增加，进一步加剧了河北省水资源紧缺态势。即使南水北调中、东线工程实施后，其调水量仅与目前的地下水超采量相当，且其供水目标主要为城市和工业，农业和生态环境缺水问题将依然存在，未来缺水态势仍将十分严峻。在工程方面，河北省水源工程、调配工程、节水工程明显不足。承德市没有水源控制工程，洪涝、干旱连年发生。而在河北省水资源最紧缺的东南部，由于没有永久性的引黄工程，只能在冬季非灌溉季节利用山东引水工程引水，损失大、成本高，自1994年实施"引黄济冀"以来，年均引水量不足2亿 m³，远小于国务院分配河北省和天津市20亿 m³的黄河水量指标。

（六）水生态环境没有得到根本性改善

虽然河北省在水资源保护和水污染防治等方面做了大量工作，也取得了一定成绩，但与经济社会发展的要求还有不小差距。2007年和2008年全省地表水劣 V 类水质的河长分别为3453km和2770km，分别占当年监测总河长的49.9%和38.7%。在地下水方面，由于长期大面积超采地下水，导致地下水位不断下降，诱发了含水层疏干、地面沉降、泉水断流、咸淡水界面下移等一系列生态环境问题。

（七）用水效率有待进一步提高

河北省用水效率虽然有了很大提高，但与河北省水资源短缺

---

① 张旺、庞靖鹏：《落实最严格水资源管理制度亟需解决的问题和下一步对策建议》，载《水利发展研究》2012年第4期。

的形势相比，用水效率仍有待进一步提高。农业方面，河北省井灌区占有效灌溉面积的86%，机井老化失修，每年报废率在3%以上，泵站和灌溉设施配套落后，全省453.33万 hm² 有效灌溉面积中还有200万 hm² 没有节水灌溉工程，在已有节水灌溉工程中60%的节水管道没有达到规范标准。个别渠灌区仍然存在大畦灌溉和大水漫灌现象，农业用水计量设施安装率比较低。工业方面，一些企业的产品耗水量与《用水定额》还有一定差距，三级计量率较低，企业节水改造仍有潜力可挖，部分老企业管网老化，跑冒滴漏现象严重。生活方面，节水型器具普及率不高，管网漏失率较高，公众的节水意识不强。

（八）水资源监控手段薄弱

虽然河北省部分设区市初步建立了水资源实时监控与管理信息系统，但由于原有计量监控设施以市或县（区）单独管理，尚未形成完整的系统，技术水平、执行标准不一，覆盖密度也远远不够。全省工业用水和城镇生活用水还有上万眼取水大户的自备井没能有效实施计量监控，农业用水的科学计量严重不足，一些重要河流断面还不能有效控制，给取水许可的监督管理和计划用水、定额管理、节奖超罚制度的落实带来了困难。[1]

（九）水资源管理责任制落实难度大

政绩考核评价机制，不仅对领导干部从政行为具有极强的导向作用，而且在很大程度上引领着经济发展的方向，是加快推动经济发展方式转变的指挥棒、风向标。因为，上级怎么考下级就会怎么做，有什么样的政绩考核评价体系，就会有什么样的工作理念、工作追求、施政行为和发展方式。过去很长时间对政绩的考核评价重"显绩"轻"潜绩"，重"当前"轻"长远"，"GDP至上"，于是就产生了"作秀工程"、"面子工程"等现象，不惜牺牲群众的生存环境和生存质量，不惜以破坏生态、透

① 郭卓然、边文辉：《河北省实行最严格水资源管理制度的初步设想》，载《水科学与工程技术》2010年第 S1 期。

支资源的方式来发展当地经济。自 1985 年以来，GDP 成为衡量经济发展的主要指标，GDP 增长率成为有效和最常用的指标。客观上说，GDP 尺度既有长处，也有不足，它代表的是经济发展数量，无法体现经济增长的质量和效益，也无法剔除重复性甚至是破坏性的增长，更无法完全体现经济发展对人民福利和社会保障的促进。[①] 有资料显示，在过去的 20 多年里，中国的 GDP 年均增长 9.5%，这其中，至少有 18% 是靠资源和环境的"透支"实现的。在政绩考核评价指标体系中片面强调 GDP 增长，是引发资源过度消耗、环境严重破坏、社会严重失衡的"罪魁祸首"。因此，要把加快推动转变经济发展方式的任务落到实处，最有效的途径就是构建促进发展方式转变的政绩考核评价机制，不以 GDP 指标论英雄，把科学发展观和转变经济发展方式的客观要求，贯穿和体现在领导干部的活动中，定期对领导干部的履职行为、政绩进行全面考核评价。[②]

以 GDP 指标为核心的政府绩效考核具有强大的执行惯性，短期内很难根本扭转。同时，水资源管理考核不少是无法量化和偏软的指标，落实责任制难度较大。虽然，2013 年国务院印发了《实行最严格水资源管理制度考核办法》，但是该考核办法还是存在原则性强、可操作性弱的不足，并且能否得到切实遵行还有待观察。

（十）产业结构不合理

近几年来，河北的产业结构取得一定的优化和提升，但河北发展现代产业的基础还很薄弱，结构不尽合理，主要表现为传统产业比重偏高，新兴产业、高新技术产业比重小，且产业升级不快，与东部发达省市相比尚有很大差距。

① 祝福恩、杨冬梅：《论转变经济发展方式与完善政绩考核评价机制》，载《黑河学院学报》2010 年第 1 期。
② 王爱英：《构建促进经济发展方式转变的政绩考核评价机制》，载《中国井冈山干部学院学报》2010 年第 6 期。

　　从河北规模以上工业行业结构及发展趋势来看，1998～2007年，规模以上行业10年累计增加值排前五位的行业分别为黑色金属冶炼及压延加工业、电力、热力的生产和供应业、石油和天然气开采业、非金属矿物制品业和化学原料及化学制品制造业。由此可见，河北工业的优势行业主要集中于采矿业和原材料工业，这些行业共完成增加值10858.9亿元，占全省规模以上工业10年来增加值总和的49.7%，其中黑色金属冶炼及压延加工业增加值占总增加值的23.4%。从采矿业和原材料工业的发展趋势来看，10年来大部分行业增加值比重呈下降趋势，也有少数行业增加值稳步上升，其中上升最快的为黑色金属冶炼及压延加工业和黑色金属矿采选业，黑色金属冶炼及压延加工业增加值所占工业增加值比重由1998年的13.0%上升到2007年的26.1%，黑色金属矿采选业增加值占工业增加值比重由1998年的1.6%上升到2007年的5.6%，这表明河北高度偏向于钢铁的行业结构有不断强化的趋势。在高新技术产业方面，河北发展十分缓慢，交通运输设备制造业、装备制造业、通信设备、计算机及其他电子设备制造业、仪器仪表及文化办公用机械制造业等现代制造业10年来增加值仅占工业增加值的14.4%，除装备制造业和仪器仪表及文化、办公用机械制造业增加值比重有小幅度的上升外，其他现代制造业比重都有所下降，所有现代制造业增加值占工业总增加值比重由1998年的16.4%下降到2007年的14.2%，这表明河北现代制造业发展缓慢且不均衡，成为制约河北工业结构升级的"瓶颈"。[①]

　　由此可知，河北的支柱产业尤其是钢铁行业都是传统的耗水大户和排污大户。因此，河北实施最严格水资源管理制度面临严峻挑战。

---

　　① 张子一：《河北产业结构发展现状评价》，载《现代经济信息》2009年第15期。

三、立法对策

(一) 制定《河北省节约用水条例》

1. 制定《河北省节约用水条例》的实践依据

制定《河北省节约用水条例》的主要实践依据是河北的基本水情。河北省是承受着人口、环境双重压力的极度资源型缺水省份。

首先,河北省水资源量极度匮乏,进而导致地下水严重超采。河北省多年平均水资源量 203 亿 m^3,可利用量仅为 170 亿 m^3。人均 311m^3,每公顷 3210m^3(208 m^3/亩),是全国平均值的 1/7 和 1/9,人均水资源占有量不及国际上公认的人均缺水标准的 1/3,比以干旱著称的以色列还低。据统计分析,1986 ~ 2000 年,河北省年用水量在 200 亿~230 亿 m^3,不仅大大超过了多年平均的 170 亿 m^3 可利用量,而且也超过多年平均水资源总量的 203 亿 m^3。由于地表水资源严重匮乏,地下水资源就成了维持河北省经济发展的主要水源。自 20 世纪 70 年代大规模开采地下水以来,先是河北省中东部平原超采深层水,后逐步发展到太行山山前平原区超采浅层淡水。河北省平原区浅层地下水多年可开采量 77.01 亿 m^3,20 世纪 90 年代年均开采 104.54 亿 m^3,超采 27.53 亿 m^3,超采率达 35.8%。至 2000 年年底,浅层地下水累计超采 457 亿 m^3,深层地下水累计超采 539 亿 m^3,深浅层地下水累计超采量 996 亿 m^3。特别是京津以南的南水北调工程供水区地下水超采更为严重,90 年代年均开采 87.29 亿 m^3,年均超采 25.90 亿 m^3,深层地下水年均超采 22.95 亿 m^3,年均合计开采 110.24 亿 m^3,超采量 48.85 亿 m^3。至 2000 年年底,已累计超采浅层地下水 391.5 亿 m^3、深层水 479.7 亿 m^3,合计 871.2 亿 m^3,占全省平原区超采量的 90% 左右。

其次,河北省水资源利用方式粗放,在生产和生活领域存在严重的结构型、生产型和消费型浪费,用水效率不高。2004 年,河北省万元 GDP 用水量为 406 立方米,是世界平均水平的 4 倍。

农业灌溉用水有效利用系数为 0.4 ~ 0.5，发达国家为 0.7 ~ 0.8。全省工业万元增加值用水量为 218 立方米，是发达国家的 5 ~ 10 倍。水的重复利用率为 50%，而发达国家已达 85%。全国城市供水管网漏损率达 20% 左右。河北省在污水处理回用、海水、雨水利用等方面也处于较低的水平。

2. 河北省的节水立法现状

目前，河北省现有的节水立法主要是 1998 年 9 月 22 日省政府颁布的《河北省全社会节约用水若干规定》（省政府第 12 号令）。《河北省全社会节约用水若干规定》颁布实施后，对缓解水资源严重不足的状况，合理开发、有效利用和节约、保护水资源，促进全社会节约用水，保障河北省社会和国民经济可持续发展发挥了重要作用。但是随着时间的推移，《河北省全社会节约用水若干规定》已经远远不能满足河北省节水工作的需要。

首先，《河北省全社会节约用水若干规定》没有体现出党中央、国务院新的治水方针。1998 年之后，党中央、国务院根据我国严峻的水资源形势，提出了包括加强节水在内的一系列新的治水方针，尤其是明确提出节水是解决我国水资源短缺问题的革命性措施。水利部根据中央新的治水方针，提出一整套新的节水工作思路，即发展节水型工业、农业和服务业，建立节水型社会。近几年来，河北省在节水型社会建设中走在了全国前列，形成了一系列好的经验做法。限于当时的认识水平和实践水平，这些新理念、新举措、新经验在《河北省全社会节约用水若干规定》都没有体现出来。

其次，《河北省全社会节约用水若干规定》规定节水工作由水利、建设等多个部门负责，多部门主管节水工作的体制不利于节水工作的开展。之所以这样规定，是因为当时省政府机构新一轮机构改革尚未开始，节约管理体制尚未理顺。2000 年进行的省政府机构改革对节水管理体制进行了调整，决定由水利部门负责统一主管全社会节约用水工作。2002 年《水法》则以水资源基本法的形式确立了水利部门统一管理水资源的体制，为水利部门统一管理节水事务提供了坚实的法律依据。

最后,《河北省全社会节约用水若干规定》法律效力层次较低,一些强有力的节水法律制度无权设立。根据《行政处罚法》的规定,省政府规章只能设定警告和三万元以下的行政处罚,而根据《行政许可法》的规定,省政府规章只能设定临时性许可。由于立法权限的限制,《河北省全社会节约用水若干规定》规定的行政法律措施和法律责任数量少而且不够有力。

3. 具体立法设想

目前,我国已经有许多省、区、市出台了地方性节水法规,创造了许多独具特色的节水法律制度。近几年来节约用水问题也成为水利界、经济学界、法学界研究的热点问题,取得了一批有价值的研究成果。同时,河北省在节水型社会建设中形成的一系列好的经验做法,急需通过立法的形式固定下来。因此,在充分借鉴外省地方性节水法规的有益经验和国内外节水研究成果的基础上,制定出具有河北省特色的《河北省节约用水条例》是加强河北省节水立法的一项主要对策。制定《河北省节约用水条例》应当遵循以下思路:首先,要体现党中央、国务院提出的新治水方针,体现水法的立法理念即可持续发展原则;其次,要根据水法的规定理顺节水管理体制,明确规定水利部门统一主管全省节水工作;再次,应当结合河北省的实际和在节水型社会建设中形成的实践经验,对水法中的节水法律制度进行有针对性的细化和补充,从而形成河北省节水立法的特色;最后,在内容框架上,可以分为农业节水法律制度、工业节水法律制度和服务业节水法律制度三个主要部分。[①]

(二)制定《河北省农业水资源费征收使用管理办法》

农业既是用水大户,又是水资源浪费最严重的行业。河北省是农业大省,农业是社会用水大户,全省水资源的大部分都用在

[①] 丁渠、朴光洙、刘永鑫、马品懿、宋海鸥:《河北省节约用水立法研究》,载《中国环境管理干部学院学报》2007年第1期。

了农业。由于多年干旱缺水，农业灌溉方式落后，农业用水无序无度，利用效率低，浪费严重，加之大量超采地下水，水环境日益恶化，造成水资源供需矛盾十分突出，严重制约着农业和农村经济发展。而造成农业用水量严重浪费的一个重要制度原因就是我国长期以来实行的是农业用水无偿使用制度，也就是农业用水免交水资源费。因此，促进农业节水的最有效措施就是充分发挥经济杠杆的作用，开征农业水资源费。我国近几年的立法也为开征农业水资源费提供了明确的法律依据。《水法》第48条明确规定：直接从江河、湖泊或者地下取用水资源的单位和个人，应当按照国家取水许可制度和水资源有偿使用制度的规定，向水行政主管部门或者流域管理机构申请领取取水许可证，并缴纳水资源费，取得取水权。但是，家庭生活和零星散养、圈养畜禽饮用等少量取水的除外。也就是说，只有农村家庭生活和零星散养、圈养畜禽饮用等少量取水才可以免交水资源费，而农业灌溉用水不属于免交之列。《取水许可和水资源费征收管理条例》第30条进一步规定："农业生产取水的水资源费征收标准应当根据当地水资源条件、农村经济发展状况和促进农业节约用水需要制定。农业生产取水的水资源费征收标准应当低于其他用水的水资源费征收标准，粮食作物的水资源费征收标准应当低于经济作物的水资源费征收标准。农业生产取水的水资源费征收的步骤和范围由省、自治区、直辖市人民政府规定。"因此，河北省应当尽快以省政府规章的形式出台《河北省农业水资源费征收使用管理办法》，这样既可以使《水法》和《取水许可和水资源费征收管理条例》的规定及早得到贯彻执行，又必将对全省的农业节水产生根本性的影响，从而有利于河北省经济社会的可持续发展。

（三）制定《河北省南水北调工程管理条例》

1. 南水北调工程概况

南水北调工程是当今世界上最大的远距离、跨流域、跨省市调水工程，是缓解我国北方水资源严重短缺和生态环境恶化、促进水资源整体优化配置的重大战略性基础设施，其根本目标是改善和修复北方地区生态环境，保障南北广大地区经济、社会、资源、环境的可持续发展。南水北调工程总体规划50年，分三个阶段实施，2002～2010年为近期阶段，主要实施东线一二期工程和中线一期工程；2011～2030年为中期阶段，主要实施东线三期工程、中线二期工程和西线一二期工程；2031～2050年为远期阶段，主要实施西线三期工程。根据2002年国务院批复的《南水北调工程总体规划》，南水北调中线一期工程调水95亿m³，其中河北分水34.7亿m³。中线工程已于2003年年底开工，计划于2013年年底前完成主体工程，2014年汛期后全线通水。南水北调工程中线总干渠河北段横贯邯郸、邢台、石家庄、保定，全长464km，总投资为270多亿元。南水北调中线总干线覆盖了河北省京津以南平原区，受水区总土地面积6.21万km²，人口4355万人，耕地面积5380万亩。南水北调中线工程2014年通水后，既可满足河北省工业生产和城市用水的需要，还可解决全省66个县、451万农村人口饮用高氟水、苦咸水的问题，为河北省经济社会可持续发展提供强有力的水资源保障。

2. 立法的必要性分析

从我国已建成的特大型水工程和世界上建设大型调水工程国家的成功经验看，实行法治化是建设和管理调水工程的重要手段，几乎每一个大型调水工程都有专门的立法加以管理，通过立法来规范有关主体的权利、义务和责任。因此，应当根据南水北调工程的特点，通过立法手段建立适应社会主义市场经济的南水北调管理机制，实现依法调水、依法管理。

第一，制定《河北省南水北调工程管理条例》是由工程自身特性所决定的。南水北调工程投资规模巨大、涉及因素众多、影响范围广泛、利益群体复杂，涵盖自然、经济、社会、环境、技术等多个领域，从前期规划、工程建设到运行管理，都面临复杂的挑战。因此，在采取行政、科技、经济等管理措施的同时，更应该采取行之有效的法制手段，用立法来规范各个主体的权利、义务与责任，协调各方利益关系，依法确保工程顺利运行，以水资源的可持续利用支撑经济社会的可持续发展。

第二，制定《河北省南水北调工程管理条例》是提高河北经济社会发展质量的需要。水在国计民生和经济社会发展中占有极其重要的地位。但水资源的有限性、不可替代性以及日益突出的短缺性，使水资源对国民经济发展质量的限制和制约作用越来越突出，因此需要通过完善的法律制度加强水资源综合管理和合理配置，全面提高调水调控能力。因此，制定《河北省南水北调工程管理条例》对于保障河北经济社会发展质量和可持续性能力具有重大战略意义。

第三，制定《河北省南水北调工程管理条例》是保障供水安全的需要。水资源的供给规模直接关系到生活、生产、生态用水安全。河北省属典型的资源型缺水省份，虽然建设了一批地表水引水工程，但城市供水水源单一、供水保证率低等问题普遍存在，影响重大项目立项和城市化进程，经济发展明显落后于我国其他东部沿海地区。南水北调工程具有供水目标多、供水对象复杂、供水范围大的特点，只有过完善的工程管理法律制度予以调整规范，才能真正发挥工程效益，提高我省经济社会发展的供水保证程度。

第四，制定《河北省南水北调工程管理条例》是统筹经济社会可持续发展的需要。实施南水北调工程，是我省实现均衡发展和全面建设小康社会的重要物质保证。然而从生态与环境角度上来看，大型的调水工程具有一定的风险因素。制定南水北调工程管理法规，能够使工程的综合效益得以充分发挥，负面效应得到有效防范与控制，将风险因素控制到最低，从而实现水与经济、社会、环境，以及人与自然的和谐发展。

第五，制定《河北省南水北调工程管理条例》是加强工程管理保护的需要。虽然河北省南水北调工程完工在即，但是专门调整该工程管理保护的法规却处于空白状态。目前，河北省已经初步建立起以《河北省实施〈中华人民共和国水法〉办法》为核心的地方性水法规体系，但是现有的法律规定却不能满足南水北调工程管理与保护的需要。

首先，南水北调工程管理主体和执法主体不明确。河北省现行水法规中的管理主体和执法主体均为各级人民政府的水行政主管部门。根据2003年11月省政府批准的《河北省南水北调工程建设委员会办公室"三定方案"》，省南水北调工程建设委员会办公室是依照公务员制度管理的正厅级事业单位，为省南水北调工程建设委员会的办事机构，其主要职责是负责河北省南水北调工程建设期间的组织协调、建设管理、建设资金筹措、管理和使用等。那么，河北省南水北调工程建成后的工程管理主体和执法主体到底是省水行政主管部门（省水利厅）还是省南水北调工程建设委员会办公室，目前并没有明确规定。南水北调工程管理主体和执法主体的不明确，将很容易导致工程管理中的推诿扯皮、执法不作为等问题，必将严重影响工程管理工作的效果，不利于工程的完好和效益发挥。实际上，河北省南水北调工程开工以来，不法分子偷盗、破坏工程设施现象已经出现，在局部地区极为严重，甚至有的不法分子开着三轮车、切割机等作案工具明目张胆地盗窃和破坏隔离网等工程设施，严重影响南水北调工程安全运行。因此，为了河北省南水北调工程的长治久安，必须从立法上明确南水北调工程管理主体和执法主体。

其次，南水北调工程管理保护法律制度存在空白点。南水北调工程既具有一般水利工程的属性，还具有工程多样性、投资多元性、管理开放性、区域差异性、技术挑战性、效益综合性等诸多特性，由此也导致了南水北调工程管理保护法律制度既有一般性也具有一定的特殊性。河北省现行的水法规主要针对的是普通的水利工程的管理，不能有效满足南水北调工程管理保护的需要。因此，河北省南水北调工程管理保护中的特殊管理要求亟须通过立法加以明确。此外，国内有关省市已经出台了南水北调工程管理保护方面的法规，走在了河北省的前面。例如，2011年2月10日，北京市政府制定了《北京市南水北调工程保护办法》，明确了北京市南水北调工程的管理主体和执法主体即北京市南水北调工程建设委员会办公室和具体的管理保护法律规定。2006年11月30日，山东省人大常委会还制定了《山东省南水北调工程沿线区域水污染防治条例》。

3. 《河北省南水北调工程管理条例》的立法原则

（1）可持续发展原则。《河北省南水北调工程管理条例》要从可持续发展的高度，保障南水北调工程的健康运行，促进沿线经济带的形成与发展。南水北调沿线经济带形成的基础和得以发展的核心是水资源配置与经济资源配置的有机结合。《河北省南水北调工程管理条例》要规定工程地区的水资源可持续利用规划、沿线地区的经济发展规划、社会发展规划和环境保护规划的编制制度，实现以水资源配置带动其他经济资源配置，促进沿线地区优势互补，通过培育共同的水市场以尽快实现水资源的优化配置与市场化配置，使南水北调工程沿线地区成为全省重要的经济增长带。

（2）统筹兼顾原则。《河北省南水北调工程管理条例》要统筹兼顾眼前利益与长远利益以及工程沿线不同利益主体的权益，建立促进沿线地区经济社会发展的长效协调机制。要以工程建设为契机，促进调水区、输水区和受水区经济、社会、生态的协调发展。南水北调工程应该是一条纵贯南北、双向流动的致富渠道，立法调整沿线各相关权益方的利益，应从维护全省人民的长远利益出发，未雨绸缪，从长计议，先务虚，后务实，积极探讨市场经济条件下的协调发展机制，深入研究南水北调工程所可能带来的对资源、经济、人口、社会等新的影响和问题。研究调水区、输水区、受水区不同的利益需求以及平衡协调机制，从行政管理和市场配置两个方面建立协调发展机制，以市场协调机制为基础，国家行政协调机制为补充，建立彼此之间的优势互补、共同发展的协作关系，努力实现市场经济条件下的各方利益的动态平衡。除了政府间的合作以外，应鼓励各地政府出台优惠政策，扶持企业、社会团体之间的合作。

（3）水生态补偿原则。《河北省南水北调工程管理条例》要通过立法打破地区、部门界限，立足整个经济带的可持续发展，考虑和解决调水区的移民和生态补偿问题。加坝和移民是工程尽快建设的关键，调水区的生态补偿则是工程完工、实现调水后必须解决的重点难题。解决这两大难题必须遵循可持续发展的原则，受水区的发展必须以不破坏调水区的可持续发展能力为前提，否则整个工程的目标将不可能实现。为此，应按照受益者负担原则和水源地优先原则，确立沿线受水区的库区移民和生态补偿义务和责任，积极鼓励受水区为库区移民和生态补偿尽责尽力。

4.《河北省南水北调工程管理条例》的主要内容

（1）建立符合南水北调工程特点的管理体制。南水北调工程具有公益性与经营性双重功能，宏观管理与微观管理同时存在的特点。应当以《中华人民共和国水法》为母法，充分发挥水行政主管部门的作用，强化政府宏观调控职能，推进体制改革，加快南水北调工程沿线城市调水、供水、排水、污水处理统一管理的进程，实现水资源的统一管理和优化配置。通过"国家控股，授权营运，统一调度，公司运作"的运行方式，建立适应社会主义市场经济体制的管理模式，理顺各方关系，促进有利于解决水与经济、社会和环境协调发展的多目标决策问题。

（2）建立合理的水价形成机制。建立和完善水价形成机制及其计收办法，是水价改革的前提。对于那些引入水资源的地区来讲，对同一地区不同水源（主、客水，地表水、地下水）应当执行统一水价；通过水价形成机制，合理把握水价调整的力度和时机，提前消化水价矛盾积累较大的地区，才能有效实施水价改革；将工程水价、资源水价和环境水价统筹安排，循序渐进，分步到位；制定用水定额，用水实行定额管理，超计划用水累进加价。

（3）建立南水北调经济带专有的节水市场开发机制。通过放开节水市场，量化用水效益，提高用水效率。积极进行水权有偿转让的探索，利用市场机制引导水资源向高效节水的领域配置。建立节水监督管理制度，制定和实施各类用水产品和设备的节水标准，大力推进节水产品认证，建立节水产品市场准入制度，对达不到节水标准的产品，禁止生产、销售。建立高耗水落后工艺、技术和设备强制淘汰制度，定期发布限制、淘汰落后高耗水工艺和设备（产品）的目录。加强节水统计工作，建立由综合评价指标、行业用水评价指标和节水管理评价指标组成的节水型社会建设的评价体系，通过一系列量化指标来衡量用水效率和用水效益状况，综合考核各地区节水型社会建设的进程和成果。

（4）健全南水北调工程专有的水污染防治工作机制。搞好南水北调，治污是关键，沿线区域应当实行较其他地区更高的水污染物综合排放标准。要改善当前水质状况不容乐观的局面，应当尽快建立完善的水污染防治机制，确保调水水质和沿线群众饮用水安全。遵循预防为主、防治结合、全面规划、综合治理的方针，坚持先治污后调水、水资源循环利用、生态修复与保护并举的原则，建立沿线区域水污染防治扶持与生态补偿机制，强化沿线区域各级人民政府的环境保护责任，采取具体措施改善本行政区域的水环境质量。

（5）建立南水北调受水区初始水权配置的协商仲裁机制。保证各个受水区取用水的公平性与效率性，有效解决或降低区域间初始水权配置矛盾的发生，才能实现南水北调工程干支线水资源配置的整体优化。因此，在初始水权配置过程中，应当尽快通过立法，预先设计协商仲裁程序与机制，以各个区域用水主体有动力实现协商目标为前提，遵循一定的协商规则来确定各自的水权配置量，以达到优化整个系统水资源的配置效果，改善因水资源的无效利用、不公平利用和不可持续利用的严峻局面。

四、执法对策

（一）全面推行水利综合执法

1. 推行综合执法的意义

（1）行政综合执法是根治传统执法扰民伤政恶疾的需要。

在我国改革开放之初，为克服机关集权，放权成为行政改革的主流，把政府控制的管理权分散到各职能部门，在机构设置上，按社会事务的行业门类划分权限，组建管理部门，职能越分越细，机构越设越多，在每个行政机构之下，又设置众多有行政执法权的事业单位，作为行政机关的执行机构。形成了一事一立法，一法一设权，一权一建队的总体格局。这种行政执法体制也曾一度发挥了重要作用，但随着经济活动的日益频繁和社会生活关系的不断复杂化，由分散执法造成的多头执法、多层执法的低能高耗、各自为政等弊端日显突出。在传统的行政体制格局中，由于行政管理门类划分越来越细，一个行为往往涉及多个法律和多个行政管理领域，同一级政府下设的多个部门同管一件事，同一个系统的各级执法部门行使大体相同的职权，在某一个行政管理领域，会出现多个部门来发挥作用，甚至出现同一个部门的多个执法机构参与执法的现象。例如，在道路上摆摊违反了多个行政管理规范，违规商贩的处理就牵涉到工商行政管理、公安交通管理、市容环境、卫生管理等多个部门，必然带来管理中各行政机关之间的职权交叉、重复执法、责任不明等现象。行政综合执法这一新的执法形式，能够在统一设置政府执法机构，精简机构和人员的基础上，促进依法行政，解决了传统执法模式的诸多弊端。

推行综合执法、相对集中行政处罚权以来，一定程度上解决了当前行政执法中多头执法、多层执法、重复执法、交叉执法、执法效率不高的体制与机制问题，降低了执法成本，将从体制和机制上逐步解决传统行政执法的弊端，使地方政府执法职能得到有效统一，理顺了行政执法体制，推动了行政体制变革。

（2）行政综合执法是提高行政效率的有效路径。行政效率是行政活动在单位时空的资源投入与由此产生的行政活动的效果之比。由行政权力的性质决定，行政权运作中，应以最少的资源耗费，最大限度地维护行政相对人的合法权益和公共效益。速度、质量、低投入、高产出都是效率的不可或缺的要素。行政法治不能与行政的高耗低效同日而语，而高耗低效正是我国传统行政执法的一个重要特征。就行政执法而言，我国原有执法队伍过多，财政开支极大；执法力量分散，人力资源浪费严重；执法机构职能单一，一个执法机构无法一次性完成行政执法任务。这种状况导致了行政执法低效高耗的状况。

20世纪90年代中期开始不断践行的行政综合执法，对原来分散低效的执法体制形成冲击，行政综合执法为提高行政效率创造了有效的路径，在综合了部分权力资源的基础上，减少了行政机构的执法开支，同时减轻了因多头或多层执法给行政相对人造成的不必要负担。可以说，综合执法的推行初步解决了行政权的扩展与行政效率本身的要求和冲突；初步实现了行政管理机构的合理设置，管理程序的科学，管理活动的有效等行政效率的基本要求，提高了行政效能，充分实现了行政执法的效率与公正，在最大限度地满足行政相对人的需求与保障公共利益和个人权益的有效实现的同时，保持了良好的行政效率。

（3）行政综合执法是行政体制改革的深层呼唤。20世纪末21世纪初以来，我国的社会政治经济发展进入了一个新的历史阶段，政府行政管理体制的改革和创新尤其具有紧迫性。政府治理理念从大政府小社会到小政府大社会，从注重权力行使到重权利保障的转变必然要求重新配置权力。新的治理理念要求政府职能划分由繁到简，实现人、财、物分离；要求合理划分职责权限，对有些权力进行整合；要求从重审批权的设置转向增多裁判规则，树立政府的中立者形象。服务、高效和廉洁是新形势下行政体制改革的基本目标和要求，它对行政组织的设置理念也提出了新要求。任何组织机构，经过合理的设计并实施后，并不是一成不变的。它们如同生物的机体一样，必须随着外部环境和内部条件大的变化而不断进行调整和变革，才能顺利地成长发展。

过去执法主体的部门化和多元化在诸多方面肢解了地方政府统一行政执法的职能，是行政组织机构的一大弊病。行政综合执法是因应政府组织形式创新和政府行为模式改革的一种新尝试，也是在探索从体制上、源头上改革和创新行政执法体制，推动行政管理体制改革的指导思想下启动和不断完善的。综合执法将行政执法权整合，实现执法机关优化、精简、合并，明确权限，理顺关系，变多头执法为综合执法，保证了政府有机体更加公正地行为。

行政综合执法实际上是政府转型及政府行为方式变革反映在行政执法领域的一个缩影。行政综合执法的最终依归，是呼应和推动行政体制改革快速高效地完成，在现阶段对严格控制执法机构膨胀的势头，调整机构，精简人员，整顿和规范市场经济秩序起着重要作用，更致力于逐步建立与社会主义市场经济体制和世界贸易组织规则相适应的统一、规范、高效的行政执法体制，转变政府部门与行政执法机构的职能和管理方式。目前，合并组建综合行政执法机构的重点集中在城市管理、文化市场管理、资源环境管理、农业管理、交通运输管理以及其他适合综合行政执法的领域。行政综合执法为解决行政权重叠、行政组织结构臃肿等行政体制问题提供了新的思路。行政综合执法正在带动并将进一步推进行政管理体制的调整，权力的综合带动职能、机构与人员的综合，主体的整合带动程序统一、经费压缩。我国的改革将由经济体制改革向社会体制改革推进和转变。而改革的推进和转变，在很大程度上依赖于政府转型。政府自身的建设和改革，客观上已经成为经济体制改革的中心和重点之一。政府转型的政策导向为行政综合执法制度的发展和完善提供了契机。

（4）行政综合执法是社会和经济发展的必然要求。社会转型和经济、科技的发展不仅会影响到行政管理领域中人们的素质结构、价值观念和行为方式，也会影响到行政组织内部的职能分工和组合协调的方式，影响到行政职能机关之间及其与社会公共管理和公共服务组织之间的交往形式和协调机制。

政府组织必须依据环境的变动不断做出相应调整和变革，优化组织结构，提高行政管理效能。由于人们的生活方式和对自然、社会的思维方式的区别，每种社会的具体制度选择也各有差异，使得不同社会的结构形态和实际运作千姿百态。在我国，市场经济向纵深发展和社会转型对行政方法创新和改革不断提出新的要求。同时，人们对自身的生存环境、发展空间和政府效能的要求也越来越高，市场经济和市民社会呼唤服务型、效能型的政府，简洁一致的执法体制。在市场经济条件下，政府逐渐蜕掉资源控制主体的角色，多元和独立的市场主体的自由度日趋增大，市场与社会的自我治理不断形成与政府相抗衡并制约政府权力的独立力量。与此同时，行政职能直接干预的经济领域也在不断缩小，市场经济规律及规则要求政府影响和管理经济和社会的手段必须与之适应和协调。当今社会经济发展的一个结果就是政府执法机构设置的综合化和权力配置的综合化。从世界范围看，行政执法权整合是大势所趋。[①]

2. 水利综合执法的实施成效

（1）增强了水行政执法力量。各级水行政主管部门通过成立综合执法机构，改变了原来水土保持、水资源、河道管理、工程管理等科室分散执法，缺乏协调统一的弊端，很好地整合了执法力量，从而能够更有力地查处各种水事违法行为。

（2）提高了水行政执法效率。大型砖场、石子厂等生产建设单位的工作涉及水土保持、水资源、工程管理等方面，以前需要水行政主管部门的多个科室对该同一个单位进行多程序管理。由于缺乏统一调度，有时会出现几个执法科室在临近时间内相继到同一单位实施执法管理，因而造成了被管理相对人的误解甚至抵触，降低了工作效率，影响了部门形象。联合执法则避免了这种现象的发生，从而大大提高了执法效率。

（3）增加了对水事活动的监督检查力度。在水利综合执法机构成立之前，每个执法科室人员相对较少，科室间缺乏沟通和交流，容易造成顾此失彼，使有的被管理相对人年年被监督管

---

① 崔卓兰、闫丽彬：《我国行政综合执法若干问题探讨》，载《山东警察学院学报》2006 年第 6 期。

理，有的则常常被遗漏，从而造成被管理单位间的不平等，导致工作被动，阻力增大。联合执法后在执法人数变化不大、科室总出发次数相同的情况下，却成倍增加了监督检查机会，做到了平等对待每个被管理相对人。

（4）树立了良好的部门形象。各级水行政主管部门通过设立水行政服务大厅，实行一个窗口对外、一条龙服务，既方便了群众又提高了办事效率，真正做到了文明、公开、便民、高效，从而树立了水利执法新形象。①

3. 完善水利综合执法的思路

（1）全面构建水利综合执法体系。重点需要关注以下几个方面

第一，重组专职执法队伍。10 多年来，全国各级水行政主管部门已基本完成了专职水政监察队伍的建设工作。《水政监察章程》明确将相关执法工作全部交由水政监察队伍完成，规定在水政监察队伍内部按照水土保持生态环境监督、水资源管理、河道监理等自行确定设置相应的内部机构，但是许多地方在专职的水政监察队伍之外单独建立了其他一些专门方向的执法管理队伍，不仅缩小了水政监察队伍的职能范围，而且导致有的水政监察队伍几无执法可言。只有真正按照《水政监察章程》的有关要求来重整队伍，水利综合执法的前期任务才大致可以完成。所以，实施水利综合执法，第一步工作就必须是将机构重新整合，将水政监察归回原位，树立水政监察就是综合执法的观念。也就是说，在进行水利综合执法改革时，应统一以水政执法的名义归整水利执法机构。

第二，构建综合执法体系。部门内部的整合只是执法体系建设中的一项内容，更重要的是构建和完善水利综合执法体系，建立一个从水利部到省（自治区、直辖市）、市和县（市、区）的

---

① 赵伟、李晶、李晓静、王丽艳：《山东省水利综合执法试点工作的启示——山东省水利综合执法试点调研报告》，载《水利发展研究》2004 年第 10 期。

垂直执法网络，这是一个以纵向为主的体系，但也是一个稳定而开放的体系。

各级水政执法队伍内设机构一般宜根据当地实际情况，按照相对细化的各个专项执法设立科、室或支队、大队、中队。而在县（市、区）大队以下，应逐步以现有水利管理机构为依托成立水政执法中队，将触角尽量广泛地延伸，使水政执法的耳目更加灵敏。鉴于水利综合执法的地位和日益重要的作用，以及便于在现行管理体制下的统筹、协调，这个执法机构应当在机构规格上高于内部职能机构，按照水行政主管部门副职级别设立。同时，设立执法机构的必要条件就是纳入同级财政部门预算、公务员性质。《国务院关于加强市县政府依法行政的决定》已再次明确，市县行政执法机关履行法定职责所需经费，要统一纳入财政预算予以保障。要解决执法人员的编制与身份等问题，一方面可以遵循《公务员法》的规定，另一方面还是需要上级水行政主管部门协调党委政府，尽量以必要形式统一要求和规范。最佳途径是水利部与相关部门联合出台规定，既做到全国统一，也减轻下级逐层争取的工作量，提高效率，增强效能。

在水利综合执法体系里既要有专职执法人员，也要有兼职人员；既要有懂水资源专业知识的人员，也要有精通法律知识的人员；既要有部分相关专业知识人员，也要有大量具备良好综合素质的人员。人员配备必须高标准、高起点。执法机构的主要负责人应在党政领导干部选拔任用要求的基础上，更加注重执法工作的适应能力和综合素质。目前，专职执法人员的管理已有一些比较成熟的规定和做法，今后还要针对综合执法的实际需要，进一步加强基本素质、执法能力等方面的培养和提高。

第三，健全执法监督网络。按照国务院《全面推进依法行政实施纲要》的要求，水利综合执法必须通过各种方式和渠道加强监督管理，并努力依法办事，实现监督的法治化。一是内部监督，主动纠错。要完善水行政执法队伍内部层级监督，最重要的还是要依靠制度，依靠程序性、规范性的制约和约束。要严格实行行政执法责任制、评议考核制等相关制度，充分依托和利用信息技术，改革工作方式，提高工作效率。在执法队伍内部和上下级之间，实施严格的大案要案报送、审查和备案制度，规范水政执法决策及评价制度，推行执法案卷评查制度、办案程序和环节检查制度以及统一执法文书格式、案件督办机制、定期培训上岗制度等。二是外部监督，执法公开。对行政执法活动的监督，需要上级水行政主管部门、纪检监察等体制内部门进行监督，还必须通过人大政协民主监督、人民群众监督、新闻舆论监督等方式进行，水政执法的工作内容应按政务公开的要求以合理、合适的方式公开，从而使监督检查全方位、全过程地建立。

（2）健全规范水利综合执法机制。水利综合执法机构不是简单地合并，更好地履行职能才是应有之义，必须按照水行政综合执法职能要求，有机组织部门内部机构的运作，推动水行政执法事务的综合管理与协调。综合执法的基本原则就是一支队伍执法，一个窗口收费，相对地将行政许可、行政处罚、行政强制和行政征收归于一体，在水行政主管部门的领导下从事具体的水政执法各项工作。

一是层级机制。在水利综合执法体系内部，各级部门应有不同的职责。对一般性的与人民群众日常生活、生产直接相关的水政执法活动，更多地依据属地管理原则，主要由县级水政执法机关实施，从而有助于在执法中加强服务，有助于提高执行力。但对一些案情复杂、争议较多、社会影响较大、处罚可能较重的水事案件应由上级加强督办或直接办案，减少不必要的干预，保证执法效果。这样，水利综合执法体系的构建与减少行政执法层次就不产生矛盾，而是职权更加清晰。在此基础上，各级水政执法机构之间就有必要建立层级运行机制，包括信息机制、联动机制、考评机制和监督机制。

二是管理机制。水政执法机构的运作需要有效的管理与协调，要奉行以制度管人、管事、管权的原则，从执法业务、岗位责任、学习培训、评议考核与奖惩到法规与工作宣传等进行全面的规范。机制运行效果的保证，来源于制度的权威与严格执行，在制定和执行过程中都要讲究操作，讲究方式方法，而且作为专门的执法机构，除了办案要特别注重程序外，日常工作中也要更加讲究程序性，这样，秩序更严谨，效益更显著。

三是竞争机制。在水政执法机构之间、水政执法人员之间都应建立良性正常的竞争机制，以调动和激励执法积极性，鼓励创新。上级对下级执法机构要树立明确的导向，弘扬正气，引导规范，使各级执法机构之间能进行良性竞争，积极争优创先。执法机构内部对执法人员在录用、职务升降、日常考核评价以及内部的竞争上岗等方面，建立公平、公正、公开的竞争机制。竞争机制必然伴随着激励奖惩制度的落实。要系统考虑执法机构的长期目标，将目标与绩效管理、绩效评估和责任机制结合起来，明确公开标准，正确评估绩效，并将之与奖惩措施联系起来。

四是外部机制。外部机制的核心是协调机制。水政执法机构是水行政主管部门的对外窗口，代表着部门形象，同时，执法工作也牵涉社会多个层面，既有政府法制部门、法院、公安、财政、税务等政府和司法部门，也有企事业单位、社会团体和公民等，尤其是直接涉及管理相对人的切身利益，特别需要一套行之有效、操作简便的办法来解决实际问题，维护法律，保护群众利益，同时也有助于形成工作合力，提升工作效果。这套机制包括执法中行使自由裁量权的确定办法、处理突发事故应急管理办法、公众宣传及对外信息管理办法等。

五是长效机制。水政执法机制的确立和运作必须具有长期性、稳定性和实效性，因此，这套机制从建立之初就要着眼长远，便于操作，切实可行。既要充分全面地考量，科学合理地确定制度、尊重制度、严格执行制度，又要不迷信制度，一切都从实际出发，敢于创新，敢于争先，使制度综合形成合力、活力和动力，确保执法机制在稳定管住长远的同时，又成为一个动态、实效的机制，并且能够自动构成不断改革创新的不竭动力。

（3）致力提高水利综合执法成效。实施水利综合执法，最终是要取得实际成效，使执法水平得到提高，执法环境得到改善，执法职能得到履行，执法效果得到公认，实现全面提升依法治水的能力和水平、保护水生态环境、促进生态文明建设、构建人水和谐的目标。这是水政执法工作的落脚点和出发点，也是检验和衡量改革成效和工作成绩的基本标准。如果在水利综合执法改革中过分地关注一些前期工作而忽视最终目的，不能提升执法成效，那就是本末倒置，改革就不能说是成功的。①

（4）努力为水政工作的开展创造良好条件。要按照精简、统一、效能的原则，尽快建立权责明确、行为规范、监督有效、保障有力的水行政执法体制；要加强水政工作的横向联系和纵向协调，形成左右密切配合、上下积极参与的良好格局，单位内各部门要积极支持、协助水政机构在政策法规制定、法律法规解释归口管理、行政复议及行政应诉等方面充分履行职责，努力形成全单位关注、支持、配合水政工作的氛围；在水行政执法中，要破除地方保护主义，树立全省水利执法"一盘棋"的思想，统一执法，联合执法，形成整体，形成合力；要积极建立水行政许可审批的内部会审制度，凡是水行政许可审批事项，必须把好审批事项的法律关。

（5）着力提高水政执法人员的素质和能力。要按照"内强素质、外塑形象"的要求，加大业务培训力度，不断提高水政执法人员的整体素质和执法能力；各级水行政主管部门要把水政执法人员的学习培训摆上重要议事日程，抓住薄弱环节，突出重点内容，每年有针对性地开展水政执法业务知识培训，特别要通过以案说法和现场执法的方式，丰富水政执法干部的实战经验，努力建设一支思想过硬、业务精良、工作高效、保障有力的水政执法队伍；要建立健全水行政执法人员资格制度，严格实行水政

---

① 成冰：《水利综合执法理念认识与实践思考》，载《水利发展研究》2009年第1期。

监察人员培训考核上岗，形成能上能下的良性机制；要进一步建立健全以执法责任制、考核评议制为主要内容的水政执法管理制度；要抓好水政监察队伍文明创建，加强队容队貌建设，加强队员风纪管理，做到执法行为文明、执法形象文明。①

（二）大力实施行政执法责任制

1. 行政执法责任制的概念与特征

行政执法责任制是指行政执法机关及其行政执法人员在行政执法活动中的执法权限与责任，以及责任目标、量化考评指标、执法程序和执法过错责任追究等一系列法律制度的总称。行政执法责任制有如下特征：

（1）责任性。这是行政执法责任制的显著特征，即是说它是一种法律责任制度。对于行政执法机关和行政执法人员来说，行政执法责任就是行政执法机关和行政执法人员没有做好分内的事应当承担的不良后果。所以，行政执法责任制应该是以政府机关为实施主体，以法定行政管理职权为基本内容，按照法律、法规和规章规定的执法权限，以分解和落实执法责任、明确执法范围和执法程序。它是以职权行使和责任承担的一体化为基本内容的一种责任机制和制约机制。从形式上看，它是一种工作制度，但从内容和实质上看，它是一种开放式、全方位、多层次、自律与他律相结合的行政法律责任制度，即以责任制度促使和保证法定职责的落实。

（2）评估性。即是说它是一种评议考核制度。它通过制定行政管理量化目标、采取检查完成目标等方法，使岗位责任既从依法行政的角度落实又从政管理效能上落实。行政执法责任制实行的评议考核制度，既在于评价责任和追究责任，也在于评估行政管理活动的绩效，即评估行政主体的成绩和能力。

（3）督察性。该制度通过履行行政执法权限和分解岗位责

---

① 梁建义：《扎实推进依法行政保障水利事业健康发展——在全省水政工作会议上的讲话（摘要）》，载《河北水利》2006年第5期。

任，以行使行政权力运行的全程督查。它通过厘清界定行政执法各环节、各岗位、各流程的职权和责任，为行政机关内部管理建立起一种上下左右规范的严密的运行机制。这种运行机制不仅使行政执法行为的运行过程处于明晰公开的状态中，而且相互之间具有制约和监督作用。这样就会及时发现违法和不当的行政行为，及时制止和最大限度地降低行政行为的错误率。行政执法责任制的有效实施，不仅真正使依法行政落到实处，也必然大大提高行政效能和行政管理水平。①

2. 实行行政执法责任制应遵循的原则

（1）权责一致原则。权责一致原则体现了权利和义务之间的辩证统一关系。任何一个法律关系中的当事人，都是权利与义务的结合体，既享有一定的权利，也要承担相应的义务。一般来讲，权利与义务在数量关系上是等值的。如果把权利作为数轴的正侧，把义务作为数轴的负侧，则权利每前展一个刻度，义务必向另一方向延展相同的刻度，权利的绝对值总是相同于义务的绝对值。

权利与义务的对等性在行政职权的行使过程中具体表现为权责一致原则。首先，行使行政职权必须以履行行政职责为基础、为核心。公共管理的治权来自人民的让渡，必须以履行行政职责为目的。也就是说，在二者的关系上，行政职责是第一位的，行政职权是第二位的。其次，行政职权与行政职责是形影不分、不可分割的。权力与责任之间是一种相伴相生的关系，有权就有责。正如没有无义务的权利，也没有无权利的义务一样，既不存在无责任的权力，也不存在无权力的责任。最后，行政职权与行政职责是相对应的。权力与责任之间是一种正比例关系：权力越大，责任越重；权力越小，责任越轻。因此，权力与责任应当保持均衡，权力大于责任会导致行政权力的滥用；反之，责任大于权力则会过分加重执法人员的心理负担，以致影响行政职责的履行。

---

① 戴芳：《对推行行政执法责任制的若干思考》，载《唯实》2010 年第 11 期。

（2）依法问责原则。依法问责，是指行政机关和行政执法人员的法律责任，必须由特定的国家机关在其法定权限内，依照法律规定的条件和程序予以确认和追究。根据这一原则，行政机关和行政执法人员是否应当对其行政行为承担责任、承担什么样的责任、责任由谁来确认和追究以及如何确定和追究等，都必须由法律事先作出明确的规定。依法问责原则是法治原则在行政执法责任领域的集中体现，其含义和要求包括以下几点：第一，行政机关和行政执法人员的责任是法定的。法律责任作为一种否定性后果，其责任形式和适用范围应当由法律规范预先设定，没有法定的依据不能随便予以追究。第二，行政问责的主体和权限是法定的。认定和追究法律责任的权力是一种法律制裁权，应当由国家通过法律方式授予。只有获得法律授权的国家机关才能在授权范围内行使其问责权，其他机关、组织和个人都无权确认和追究行政机关及其工作人员的法律责任。第三，行政问责的程序是法定的。为了保证行政执法责任追究的公正性，问责主体在认定和追究责任的过程中必须严格遵守法律规定的方式、步骤和时限，违反法定程序的问责是无效的。

（3）过罚相当原则。过罚相当是指在行政执法责任的认定和追究活动中，应当根据责任人的违法行为的性质、过错大小、情节轻重以及社会危害程度来决定惩罚的种类，以防止和避免重责轻罚、轻责重罚以及当罚而不罚、不当罚而罚等现象的发生。惩罚与过错相适应是法律公正性的必然要求和具体体现，是衡量和评价惩戒合理性的一个重要标准。在行政问责实践中，只有坚持过罚相当原则，使责任人口服心服，才能真正实现行政执法责任制的目的。

（4）惩罚与教育相结合原则。惩罚与教育相结合，是指设定和追究行政机关和行政执法人员的法律责任，既要体现对责任者的惩罚和制裁，又要教育违法者自觉守法，实现制裁与教育的双重功能。责任追究是对作出违法行政行为的单位和个人的惩罚，但是，惩罚并不是问责的唯一内容和最终目的，而只是一种手段，其目的在于促使行政机关和行政执法人员增强法制观念，坚持依法行政，避免和减少违法失职行为的发生，以保证国家法律的正确实施。

（5）追究责任与改进工作相结合原则。追究责任与改进工作相结合，是指在落实行政执法责任制过程中，既要依法追究相关人员的法律责任，使其对自己实施的违法行政行为付出一定的代价，又要及时纠正行政管理中存在的薄弱环节和漏洞，有效地改进行政管理工作。用通俗的话来说，既要向后看，更要向前看，惩前毖后、治病救人是党和政府的一贯方针。根据责任产生的原因，行政执法人员的责任分为两种：一是违法或不当行使权力的责任；二是因不履行其法定职责而承担的不作为责任。行政执法责任制作为一种管理和监督制度，其目的在于为行政权力套上责任的枷锁，促使各级国家行政机关和行政执法人员依法行政。责任行政要求行政执法人员在享有与其职位相适应的权力的同时，还要承担与这种权力相适应的责任。然而，在实践中，仅仅对直接责任人予以处罚是不够的，必须针对行政管理工作中存在的问题，认真分析其原因，采取行之有效的措施加以改进。

（6）追究行政机关责任与追究行政执法人员责任相结合原则。追究行政机关的责任与追究行政执法人员的责任相结合，是指在责任的设定和问责活动中，既要追究作为行政主体的行政机关的责任，又要追究有过错的行政执法人员的责任。根据责任主体的不同，可以将行政违法责任分为行政机关的责任和行政执法人员的责任。国家行政机关享有广泛的行政职权，同时也负有相应的行政职责。在行政管理的过程中，行政机关不仅要对自己违法行使行政职权或者不依法履行行政职责的行为负责，而且还要在一定范围和程度上对行政执法人员以及受其委托的组织和个人实施的违法行政行为的后果承担责任。在这种情况下，行政执法人员的违法或不当行政行为同时引发了两种责任，即行政执法人员个人的责任和其所属的行政机关的责任。责任自负原则要求行政机关和行政执法人员各自承担自己的责任。一方面，行政机关应对其工作人员的职务行为承担责任；另一方面，行政执法人员自己也要承担责任。也就是说，行政执法人员的责任不会因为行政机关承担了赔偿责任而消灭，必须根据过错大小进行惩戒并进行行政追偿。

（7）直接责任追究与间接责任追究相结合原则。直接责任追究与间接责任追究相结合，是指在行政问责实践中应当根据责任人与违法行政行为的关系，区别不同情况，分别追究其直接责任和间接责任。所谓直接责任，是指公务员对自己实施的违法或不当行政行为以及所造成的后果承担责任，是责任人对自己的行为负责。所谓间接责任，是指公务员对他人实施的违法或不当行政行为以及所造成的后果承担责任。也就是说，责任人自己并没有亲自实施违法或不当行政行为，实施该行为的是其下属或其他行为人。由于责任人与行为人具有某种特定的关系，同时也由于责任人在主观上具有过失。因此，在行为人承担直接责任的同时，责任人也应当承担一定的间接责任。领导责任属于间接责任的一种，是指担任领导职务的公务员对其下属的违法或不当行为承担责任的责任形态。《党政领导干部辞职暂行规定》第30条将领导责任分为主要领导责任和重要领导责任。所谓主要领导责任，是指在其职责范围内对直接主管的工作不负责、不履行或者不正确履行职责，对造成的损失和影响负直接领导责任；所谓重要领导责任，是指在其职责范围内，对应管的工作或者参与决定的工作，不履行或者不正确履行职责，对造成的损失和影响负次要领导责任。

（8）程序权利保障原则。程序权利保障，是指认定和追究行政机关或行政执法人员的法律责任必须通过一定的合法程序，保障当事人享有知情权、陈述权、申辩权和请求救济权。《中华人民共和国公务员法》第57条明确规定：对公务员的处分，应当事实清楚、证据确凿、定性准确、处理恰当、程序合法、手续完备。公务员违纪的，应当由处分决定机关决定对公务员违纪的情况进行调查，并将调查认定的事实及拟给予处分的依据告知公务员本人，公务员有权进行陈述和申辩。处分决定机关认为对公务员应当给予处分的，应当在规定的期限内，按照管理权限和规定的程序作出处分决定。处分决定应当以书面形式通知公务员本人。公务员的程序权利贯穿于行政问责和归责的全过程。首先，有关国家机关在认定和追究责任之前，应当认真听取当事人的陈述和申辩，并充分考虑其意见和要求；其次，责任人有权了解处罚的内容、事实依据和法律依据，并要求与本案有利害关系的人回避。①

3. 行政执法责任制的主要内容

（1）行政执法责任制的职责划分。行政执法责任制的职责划分，主要体现在行政监督主体与行政执法机关的职责关系上。

行政监督主体的职责。这里所讲的行政监督主体的职责，是指政府的职责。政府在推行行政执法责任制中主要职责是：建立行政执法责任制的制度，制订实施方案，审查各行政执法部门的执法依据，确定执法主体，制定或督促行政执法部门制定必要的行政执法行为规范，检查各部门实施行政执法责任制的情况，定期评议考核等。具体包括：依据法律规定和行政管理权限，审查并确定各执法机关的执法主体资格、执法依据、执法权限；制定行政执法责任制工作中需要统一规范的制度；检查、监督、指导下级政府和本级机关的执法责任制工作，协调解决本级机关之间推行工作的相关问题；研究、探讨、解决执法责任制工作中带有普遍性的问题；总结推广先进经验，推动执法责任制工作的深入发展。

行政执法机关的职责。行政执法机关的主要职责是：在本级政府的领导和上级行政机关的指导下，负责本机关行政执法责任制的组织实施，并加强对下级机关的指导。具体包括：汇集并梳理由本机关负责实施的法律、法规、规章，并报经同级人民政府

---

① 杨海坤、陈党：《行政执法责任制功能与原则初探》，载《山东警察学院学报》2006年第6期。

核准确定；依据本机关的行政职能权限和法律规定，确定本机关的执法类别、执法项目、执法权限、执法责任，并认真分解落实到执法处（科、室）、执法岗位、执法人员；结合具体业务工作，量化执法责任制考核标准，组织进行执法责任制的考核；组织进行法律、法规、规章的学习和宣传以及对本机关、本系统行政执法人员进行法律、法规方面的培训；制定并组织落实行政执法责任制的各项保障制度，并使之不断充实完善。

（2）科学的行政执法责任内容的设定。行政执法法定责任内容。即行政执法主体是否具有法律、法规规定的执法权限，是否已落实、分解其法定责任，各执法机关是否已有目标责任负责人，各执法人员是否已具备执法素质和执法所应具有的法律专业知识。总之，主要是分解法定的责任内容，落实到具体执法机关和执法人员中。要促使行政执法部门和行政执法人员切实履行好法定职责，并使之做到经常化、制度化，必须达到"三个所有"，即所有执法部门都明确自己所负责组织实施的法律、法规和规章；所有法定职责和执法项目都对应明确的执法部门和执法人员；所有执法部门和执法人员都有具体的执法岗位、执法标准和执法责任。

行政执法监督责任内容。行政执法监督责任内容包括政府及其法制部门的法定监督职责；行政相对人、新闻媒体对执法监督的权利；人民法院对行政执法的监督内容；地方人大对行政执法进行监督的状况。

行政执法考评责任内容。行政执法考核评议是行政执法责任制取得实效并不断深化和完善的关键环节。考核评议应当包括原则、内容、形式、方法等。考核评议的原则：

一是坚持质和量相统一原则。在考核评议制中应首先把握以公正为主兼顾效率的基本原则，使评议考核真正做到公正、公平、公开。在公正和效率的关系原则上应特别注重公正，即对行政执法机关及其执法人员的行政执法行为和执法效果予以公正的评价，不偏不倚，尤其是主持考核评议的工作人员，坚决杜绝感情用事，置整个考核评议制于虚设之中。

二是注重公正兼顾效率原则。即在评议考核制中应注意其成本与效益之比例，不要过多地支出成本而使考核制度成为一种浪费资源的累赘。同时应注意评议考核制度的社会效益问题，即它主要是一种激励机制，而并不仅仅是惩戒机制。因此，不能让评议考核制成为一种人为的障碍，降低行政执法的社会效益。考核评议的内容包括落实行政执法责任制的组织领导情况，行政执法责任制的分解、落实情况，追究行政执法错案责任情况，行政执法责任制实施效果情况，接受和开展行政执法监督情况，等等。关于考核评议的形式，应按照国家《地方政府组织法》关于层级监督的原则，由有领导关系的上级对下级进行；鉴于考核工作量大，可采取由部门按统一标准在自行考核基础上再由政府组织抽样考核的形式。关于考核评议的方法，应把行政机关内部评议与社会评议结合起来，以求比较客观公正地反映行政执法状况和水平。由于社会评议是与内部考核和内部评议性质完全不同的另一种形式，应由政府统一组织，采取三种方法进行：邀请人大代表、群众代表听取执法部门的汇报并进行检查，在此基础上进行评议；组织政府部门交叉考核并进行评议；向社会发放征求意见表，由群众进行评议，政府再综合群众的意见做出评议结论。关于考核评议结果的处理，主要有两种做法：一种是由政府对考评结果进行表彰或奖惩；另一种是将考评结果纳入工作质量综合评估或目标责任考核之中，方法是将行政执法责任制的考评结果量化为一定分值，一般为百分值，纳入工作质量综合评估和目标责任考核之中，或者将行政执法责任制作为一项重要内容直接纳入质量评估或目标责任考核的范围内进行考评。

行政执法追究责任内容。行政执法责任制的最终责任内容则是过错责任追究内容，它是推行行政执法责任制的关键，关系到执法责任制的成败，也关系到行政机关依法行政能否实现的问题。行政执法过错责任是指在行政执法过程中行政主体违法执法或不严格执法以致造成行政相对人的权益受到损害而应承担的过错责任。要使行政执法责任不流于形式，责任能够真正落到实处，职权行使和责任承担一体化，必须设定科学的执法过错责任追究内容，主要包括：

一是设定过错责任追究主体。行政执法过错责任的认定必须要有一定的机关负责，否则行政执法过错责任的追究就必然落空，成为落不到实处的纸上谈兵。行政执法过错责任的认定机关主要有：行为机关认为有过错并决定自行改正的，由行为机关作为其过错责任的认定机关；行政执法监督机关认为执法行为有过错并决定纠正的，由行政执法监督机关或其上级行政机关作为其认定机关；人民法院在行政诉讼过程中判决撤销或部分撤销以及变更其行政行为的，该人民法院作为其认定机关；国家各级权力机关认为行政执法行为有过错并要求或决定纠正的，由权力机关或其上级行政机关作为其认定机关。

二是设定过错责任追究内容。即哪些行政执法机关和行政执法人员在行政执法中的何种行为属于违法行政行为，即对行政违法执法行为进行明确系统的分类。过错责任追究内容主要包括：推行行政执法责任制和制度的构建情况，执法行为违法或不当的具体表现，违法执法的惩罚制度和规定，阻碍或抵制执法监督的情况，以及其他应当追究责任的形式。具体表现为：未推行行政执法责任制或不积极推行行政执法责任制，并且构建制度不完善或不建立具有可操作性的行政执法责任制的情形；行政执法主体及执法人员的滥用职权行为和不履行法定职责的失职行为；无法定依据或者超过法定种类、幅度所实施的行政处罚行为；违反法律、法规、规章规定实施行政检查或行政强制措施的行为；对罚没款物进行违法处理的行为；利用职务的便利索取或收受他人财物情节较轻的行为；按照法律、法规和规章规定应当承担行政执法过错责任的其他行为。

三是设定过错责任的追究方式。即行政执法主体因过错违法执法应承担哪些法律责任形式。主要包括：

①行政执法机关的过错责任。指执法机关作为执法组织在行

政执法中越权或违法执法应承担的过错责任。其责任承担形式主要包括：责令纠正或期限改正；罚款；追缴违法所得，没收非法财物；撤销、变更行政处理决定，确认行政处理决定违法；通报批评；责令整顿；责令暂停执法活动；吊销执法分支机构、临时分支机构的受委任组织资格证书；撤销规范性文件；暂时中止授权主体资格或暂时中止执法主体资格；取消授权主体资格等。

②部门行政领导的过错责任。即行政执法机关的部门首长由于其执法决策错误或对执法人员任用管理错误应承担的过错责任，这种过错责任主要是针对行政执法工作的领导错误。其过错责任承担形式包括：责令改正；责令做出书面检查；通报批评；取消评先进资格；年度考核不得评为优秀等次；调离岗位；行政纪律处分；撤职；提请人大依法罢免或撤销其行政职务等形式。

③执法人员的过错责任。即行政执法人员的行政执法行为因主观过错或重大过失而造成行政相对人的财产或人身损失所应承担的责任。其责任形式主要包括：责令改正或责令退赔；罚款；责令检讨；追缴违法所得或没收非法财物；离岗培训；暂扣资格证书或暂扣执法证件；吊销资格证书或吊销执法证件；限期调离执法机关；辞退；给予行政处分等责任形式。

四是设定过错责任的追究程序。法律、法规和规章规定了行政执法过错责任追究程序的，应按其规定程序追究；没有规定程序的，由有关机关制定相应的程序。一般程序应包括立案，调查，听取陈述或申辩，做出处理决定，不服处理决定可提出申诉。有关机关在追究行政执法过错责任者的个人责任之后，应将处理决定报同级人民政府法制机构和人事部门备案。[①]

五、司法对策

河北省实施最严格水资源管理制度还需要借助司法手段，即

---

① 王明刚、冯志武：《构建我国行政执法责任制的若干思考》，载《河北经贸大学学报》（综合版）2009 年第 1 期。

要惩治与预防危害水资源、水环境的渎职犯罪。

（一）危害水资源、水环境的渎职犯罪的特点

根据我国《刑法》，渎职罪的犯罪主体为司法、行政等国家机关的工作人员。《刑法》中具体列出了税务、林业、负有环境保护监管职责的部门、土地、海关、商检部门和机构、动植物检疫机关、负责办理护照和签证以及其他出入境证件的国家机关、对被拐卖、绑架的妇女儿童负有解救职责的国家机关、负有查禁犯罪活动职责的国家机关、负有招收公务员、学生工作的国家机关等部门。尽管《刑法》中没有专门针对水利（水务）部门渎职罪的罪名，但并没有排除水利（水务）部门工作人员渎职犯罪的可能性。例如，2006 年，东北某省检察院反渎局查处了 3 件区县水资源管理办公室工作人员滥用职权致使大量水资源费流失的案件。可见，水行政主管部门工作人员也存在渎职犯罪的风险。水资源管理和保护领域的渎职犯罪，主要是指在水资源管理和保护工作中，水行政主管部门工作人员滥用职权、玩忽职守、徇私舞弊，妨害国家机关的正常活动，致使国家和人民利益遭受重大损失的行为，包括：取水许可、水资源费征收、入河排污口审批以及日常监督管理等公务活动中，由于水行政主管部门工作人员玩忽职守、滥用职权，导致水资源、水环境严重破坏，致使公共财产、国家和人民利益遭受重大损失的渎职犯罪案件；水行政主管部门工作人员帮助破坏水资源、水环境犯罪分子逃避处罚案件，以及所涉徇私舞弊不移交刑事案件。其特点主要有：

第一，犯罪主体是水行政主管部门工作人员。不但包括正式人员，也包括聘用、借用以及水行政主管部门派出机构人员等以水行政主管部门工作人员身份履行水资源管理和保护职责的人员。犯罪主观方面，对于滥用职权类、徇私舞弊类犯罪一般出于故意，玩忽职守类犯罪一般出于过失。犯罪客体，妨害的是水资源、水环境的正常管理和保护，使国家机关的形象和威信受到损害，而且将严重损害国家和人民的利益。犯罪客观方面，表现为滥用职权、玩忽职守、徇私舞弊的行为。在表现形式上，既可以

是作为，也可以是不作为。无论是作为还是不作为，都必须与职务活动或公务活动相联系。如果行为人的犯罪行为与其职务和公务活动无关，不能构成本类犯罪。

第二，根据《刑法》的规定，渎职罪中的多数犯罪都必须具有严重情节或者造成严重后果。最高人民检察院出台的《关于渎职侵权犯罪案件立案标准的规定》对滥用职权、玩忽职守等犯罪的立案条件作出了规定，具体划定了人身伤害、公私财产损失等量化指标或者情节特征。水行政主管部门工作人员触犯渎职罪，也需具有符合规定的严重情节或者造成严重后果。

第三，水资源管理保护领域的渎职犯罪，涉及罪名相对比较集中，通常是玩忽职守、滥用职权犯罪。这与水行政主管部门的工作特点是有关系的。

第四，水资源管理保护领域的渎职犯罪，县级水行政主管部门的风险等级较高。从吉林省检察院反渎局查处的案件看，基本上都集中在县区级。这是因为：县级水行政主管部门承担着最多的执法任务，负责日常的水资源管理和保护工作，风险点较多；县级水行政主管部门工作人员往往法律知识相对缺乏，容易形成不依法而凭经验办事的习惯，个别人责任意识淡薄，如果再有了特权意识，就更容易犯错；容易受到各种关系、人情世故等因素的干扰。

第五，渎职犯罪与贪污贿赂犯罪容易相互结合。检察机关发现，渎职失职背后，往往隐藏着利益动因。许多情况下，国家机关工作人员为了捞钱，与不法分子沆瀣一气，充当违法犯罪的保护伞。得了人家好处，就会徇私舞弊、滥用职权，主动为违法犯罪行为开绿灯、打掩护，或者对违法犯罪行为睁一只眼，闭一只眼。①

---

① 王英虎：《水资源管理和保护领域渎职犯罪的特点与预防》，载《水利发展研究》2011 年第 11 期。

（二）惩治与预防危害水资源、水环境渎职犯罪的对策

首先，要深刻把握科学发展观内涵，切实加强对水资源和水环境的保护，实现经济社会又好又快地发展。各级党委和政府以及广大国家工作人员要从讲政治的高度深入贯彻落实科学发展观，坚持以人为本的执法观，建立健全科学的政绩观和绩效考评机制，充分认识保护水资源和水环境的重要性和紧迫性，切实把保护水资源和水环境工作摆到突出位置来抓，促进经济社会建设全面、协调、可持续的科学发展。

其次，要提高国家机关工作人员综合素质，增强依法行政的意识。要按照依法治国方略的要求，切实加强广大国家机关工作人员教育培训，注意加强相关业务知识和法律知识的学习，提高执法人员法律素养和执法水平，引导广大基层党员干部坚定理想信念，正确对待党和人民赋予的权力，不断提高依法行政的能力，切实担负起维护水资源和水环境的职责，为改善民生、服务民生和保障民生发挥好作用。

再次，把查办危害水资源和水环境渎职犯罪工作纳入党和国家反腐倡廉工作的重要内容来抓，进一步加大对惩治与预防犯罪的力度。一是各级党委、政府要充分认识危害水资源和水环境渎职犯罪的严重性和危害性，并将其纳入反腐败总体格局和部署之中，进一步加强对查办工作的领导和组织协调，帮助行政执法机关和司法机关解决在执法中存在的问题，大力支持司法机关依法查处失职渎职、贪污贿赂等职务犯罪案件，为保护水资源和水环境提供强有力的政治保障。二是要坚持"标本兼治、综合治理、惩防并举、注重预防"的方针，切实采取有力措施，进一步加强勤政廉政建设，建立健全依法行政的规章制度，增加行政行为、执法行为和司法活动的透明度，强化对执法人员的监督制约，促进依法行政，公正司法，提高执法效果。三是各职能部门要切实承担起法律赋予的职责，进一步加大对水资源和水环境的司法保护力度。公安机关和检察机关要充分发挥自身职能作用，加强与有关部门的协作配合，采取有力措施加大查办犯罪案件的

力度。人民法院要正确把握量刑原则和标准，减少缓刑的适用，特别是对犯罪金额巨大、犯罪情节恶劣、人员伤亡和财产损失重大、严重影响国家声誉、人民群众反映强烈的犯罪案件，要坚决依法从重判处，以有力惩治和震慑犯罪，确保办案效果。四是要坚决贯彻"惩防结合，预防为主"的工作方针，将预防犯罪寓于办案工作之中，惩治与教育相结合，办理一案、教育一片、警诫一方，追求最佳的办案效果，推动保护水资源和水环境的法律制度完善，从源头上遏制危害水资源和水环境渎职犯罪的发生。

最后，要健全和完善法律制度，形成保护水资源和水环境的合力。一是要通过立法和司法解释等方式，进一步完善相关法律制度，统一执法标准，强化对刑事犯罪的打击力度，发挥刑事处罚在保护水资源和水环境中的特殊作用；二是要健全和完善各行政执法部门与公安、司法机关执法衔接和协作配合工作机制，进一步规范相关专业技术鉴定工作，切实解决鉴定难、协作不紧密、打击不力的问题，形成严厉打击危害水资源和水环境违法犯罪的合力；三是要进一步加强司法机关与相关行政执法机关的协调和配合，积极探索和建立法律监督与行政执法的有效衔接机制，及时了解和掌握相关部门调查处理的破坏水资源和水环境案件情况，发现涉嫌渎职等职务犯罪案件线索，要及时移送和依法查处，形成保护水资源和水环境的合力。①

六、管理对策

（一）河北省实行最严格水资源管理制度的具体设想

1. 基本思路

要以科学发展观为指导，以保障水资源可持续利用为目标，以实行最严格水资源管理制度的要求为依据，根据水利部《实行最严格水资源管理制度工作方案（2010～2015年）》对水资源

---

① 刘旭红、牛正良：《当前危害能源资源和生态环境渎职犯罪的成因及惩治对策》，载《人民检察》2009年第10期。

管理红线控制指标的要求，确定用水总量控制指标、用水效率控制指标和水功能区限制纳污控制指标及其年度评估指标。建立覆盖河北省流域三级区和市、县行政区域的控制指标体系。落实指标控制措施，明确监督考核机制，健全红线实施保障措施，全面提升河北省水资源管理能力和水平，提高水资源利用效率和效益，以水资源的可持续利用保障经济社会的可持续发展。

2. 工作内容

根据水利部《实行最严格水资源管理制度工作方案（2010～2015年)》的总体要求，河北省实行最严格水资源管理制度的工作内容可概括为：量化"3条红线"、建立"4个体系"、实施"5个步骤"。

量化"3条红线"。在水资源评价水资源综合规划成果的基础上，对近年来各地、各行业实际供用水情况进行调查，对用水定额、用水效率等进行评价，结合水利普查对取水工程，特别是机井情况进行全面调查统计，对水功能区水质现状、排污状况等进行调查评价，进而对水资源开发利用控制指标、用水效率控制指标和水功能区限制纳污控制指标进行分解，使各项控制指标纵向控制省、市、县，横向控制各行业。

建立"4个体系"。"4个体系"包括指标体系、监测体系、评估体系和考核体系。即建立并完善水资源开发利用、用水效率和水功能区限制纳污的指标体系；建立地下水位动态、取水计量、水功能区水质等监测体系；建立针对不同水资源类型、用水模式、河流断面、大中型灌区和用水大户等的评估体系，建立自上而下的政府考核体系。

实施"5个步骤"。第一步，编制完成《河北省实行最严格水资源管理制度实施方案》，报省政府批准实施，并呈请省政府印发《河北省实行最严格水资源管理制度的意见》。第二步，完成水资源开发利用用水效率和水功能区限制纳污指标，分解到县，所有设区市编制完成工作方案，省确定个2设区市整体作为试点，其他设区市选取不少于2个县（市、区）作为试点进行指导。第三步，在试点区建立监测、评估和考核体系，探索管理经验，全省所有县（市、区），全部编制完成工作方案，并对试点进行考核，总结完善试点经验。第四步，在对试点考核的基础上推行试点经验，在全省全面建立监测评估和考核体系。第五步，对各设区市任务完成情况试行考核，对4个体系进行全面评价、修正和完善，然后实行全省考核。

3. 主要任务

（1）分解落实控制指标

分解落实用水总量控制指标。把地表水供用水量与地下水供用水量之和，作为各水资源三级区和地级行政区用水总量控制指标，各设区市将用水总量控制指标逐级分解，建立覆盖县级行政区域的用水总量控制指标体系。

分解落实万元工业增加值用水量指标。根据水利部《实行最严格水资源管理制度工作方案（2010～2015年）》要求，河北省万元工业增加值用水量5年下降30%，各设区市万元工业增加值用水量一般按照5年下降30%的幅度分解指标。

分解落实农业灌溉水有效利用系数指标。按照2015年全省农业灌溉水有效利用系数提高到0.67的目标要求，考虑分解指标的可操作性等因素，2010～2015年各设区市农业灌溉水有效利用系数按每年0.02～0.03的比例提高。

分解落实水功能区达标率指标。根据水利部《实行最严格水资源管理制度工作方案（2010～2015年）》要求，确定2015年全省水功能区67%，重要饮用水水源地100%的达标比例，向各市县逐级分解。

（2）明确指标考核机制

考核对象。省考核的对象为设区市人民政府。

考核内容。主要针对设区市行政区域控制指标的落实情况进行考核。

考核办法。省政府组织考核设区市人民政府，设区市人民政府根据本行政区域考核指标自行组织考核县级人民政府。

考核程序。设区市人民政府年初对上年度完成情况进行自查，省政府组织有关部门对各设区市完成情况进行全面考核。考核结果作为对各设区市人民政府领导班子和领导干部考核的重要依据。设区市人民政府以同样的程序对县级政府进行考核。

奖惩措施。对完成和超额完成考核指标的设区市人民政府，予以表彰奖励，在项目审批、取水许可审批、投资计划下达和落实以奖代补政策时优先考虑。对未完成的采取，新增取水限制审批和暂停审批、水资源论证审查不予通过、不核发取水许可证等措施。

（3）严格控制措施

严格用水总量控制措施。加强取水许可监督管理，完善水资源论证制度，强化水资源统一调度，严格控制地下水开采；制定主要河流水量分配方案，建立流域三级区和地市级行政区域的取水许可总量控制指标；加强生活用水增量管理，严格农业用水审批，实施新增工业用水指标年度审批制度。

严格用水效率控制措施。积极推进计划用水管理，健全建设项目节水设施"三同时"管理制度和用水效率标识管理制度，建立科学规范的用水计量和统计制度完善水价形成机制。

严格水功能区纳污红线控制措施。建立健全重点水功能区监测、评估、管理体系，加强水功能区限制排污总量控制监督管理，强化入河排污口设置审批管理，强化市界水功能区监督管理，加强饮用水水源安全保障，做好水生态系统保护与修复工作。[①]

（二）水资源管理规范化建设

1. 水资源管理规范化的基本要求

基本原则。坚持示范带动，积极培育典型，以点带面，为水资源规范化建设提供经验和示范；坚持因地制宜，实行分类指

---

① 郭卓然、边文辉：《河北省实行最严格水资源管理制度的初步设想》，载《水科学与工程技术》2010 年第 S1 期。

导，突出重点工作，抓好任务落实；坚持改革创新，完善水资源管理体制和机制，改进管理方式和方法，提升管理水平。

主要目标。通过开展水资源管理规范化建设，使最严格水资源管理制度在省、市、县三级得到全面落实，区域用水总量得到有效控制，水资源利用效率和效益显著提高，水功能区水质明显改善，地下水基本实现采补平衡，水资源管理体制理顺，机制完善，机构队伍健全，执法监管能力大幅提高。

2. 水资源管理规范化的主要内容

水资源管理规范化建设的主要内容是围绕构建实行最严格水资源管理制度的总体框架，全面推进制度管理保障三大体系建设。

（1）健全制度体系

落实用水总量控制制度。建立规划期用水总量与年度用水控制指标相结合的制度，用水总量控制指标逐级分解到乡镇，区域年度实际取用水量严格控制在上级下达的控制指标之内。

落实用水效率控制制度。科学确定区域用水效率控制指标与行业用水定额标准，全面落实节水设施"三同时"制度，区域用水效率控制在上级下达的考核指标之内，主要行业用水符合国家和地方有关定额标准。

落实水功能区限制纳污制度。认真执行上级制定的水功能区划及纳污意见，核定重要水功能区限制纳污指标，区域重要水功能区和重点供水水源地水质达标率达到上级下达的考核标准。

（2）强化管理体系

严格论证许可。切实将水资源论证作为建设项目立项审批和环评的前置条件，严格按照《建设项目水资源论证管理办法》规定的程序和标准开展审查工作，对所有需要取水的新建改建扩建建设项目严格依法进行水资源论证，审批立项的建设项目水资源论证率达到100%。规范取水许可审批管理，认真落实区域限批制度，严格按照法律、法规规定的程序和标准从严控制新增水许可审批。落实取水设施验收发证规定，严格对取水水源、取水设施、计量设施、退水情况等进行验收，按照法规规定做好取水许可证变更和换发工作，农业取用水户发证率不断提高。

严格计划用水。在上级下达的区域年度用水总量控制指标内，依据有关行业用水定额标准、取用水户以往年份实际用水量、水平衡测试等资料制定下达区域内工业、农业、服务业等各类取用水户年度计划，严格监督用水计划执行，对超计划用水的累进加价征收水资源费。

严格计量收费。对所有取用水户安装符合国家计量标准的计量设施，并做到定期校验，非农业取用水户的一级计量设施安装率达到100%，严格按照法定的征收范围、标准、程序征收水资源费，区域内水资源费征收到位率达到100%。

（3）落实保障体系

理顺体制。建立集中统一权威高效的水资源管理体制，依法对区域内各类水资源实行统一规划、统一配置、统一调度、统一管理；设立专门的水资源管理机构，节水管理机构设在水资源管理部门。

完善机制。认真落实水资源管理地方行政首长负责制，将水资源管理工作纳入地方党委、政府年度科学发展观综合考核奖惩体系。落实水资源管理巡查、稽查、督察三项制度，违法用水案件查处率达到100%。加大水资源管理执法监督和舆论宣传力度，建立部门联动执法机制，形成执法合力，增强执法效能。

健全组织。水资源管理部门职能明确，行政或全额事业编制落实。水资源管理部门专职从事水资源管理的人员不少于10名，具有相关专业大专以上学历或中级以上职称的人员不少于80%，工作人员每年参加专业培训不少于1次；水资源管理部门有专门的办公场所，内部运行管理制度健全，工作经费充足，水资源管理设施先进，巡查车辆照相机摄像机等执法装备齐全。[1]

----

① 王永杰：《最严格水资源管理制度背景下的水资源管理规范化建设》，载《河南水利与南水北调》2012年第20期。

（三）加强水资源综合管理

1. 水资源综合管理的内涵

国际上在 20 世纪提出了水资源综合管理概念，在理论探索和实践中不断丰富发展，受到国际社会广泛推崇。水资源综合管理具有以下几个要点：

一是以可持续为目标。坚持水是有限而脆弱的资源，对于维持生命发展和环境不可或缺，水资源开发利用不应削弱生态系统的支撑能力，不应损害后代以同样方式使用资源的机会，主张通过综合的方法开发和管理，实现水资源可持续利用。

二是注重系统性。不仅强调水资源自身的系统性，注重水土等相关资源的交互作用，强调水土资源统筹管理，而且把水作为自然、经济、社会和生态系统的有机构成，强调在自然人类大系统中审视水资源，把水资源开发利用与经济社会发展、生态环境保护有机结合起来。

三是多目标统筹。根据水的多形态、多用途、多功能和多属性等特征，统筹地表水和地下水、水量和水质；统筹生活、生产、生态等竞争性用水；统筹防洪、灌溉、供水、发电以及生态等多种功能；统筹水的经济、社会和生态属性，追求经济效率、社会公平、生态可持续的综合效益最大化。

四是全过程管理。遵循水文循环的完整性，将水的储存、分配、净化、回收和污水处理等作为整个循环的一部分，充分认识各环节及各环节之间的关系，有针对性地进行管理控制，提高整体效能。

五是多手段运用。主张综合运用指令、标准、水价、水费、税收等行政和经济手段，以及鼓励自主管理；强化科学技术支撑，倡导水文、经济、环境、社会等多学科结合，信息、评估、分配等多技术集成，解决复杂的水问题。

六是参与和协调。确保各级用水户、规划者、政策制定者、社会团体和社区等利益相关者真正参与决策，包括水资源分配、规划、冲突解决等，实现自上而下和自下而上相结合；建立有效的协调机制，进行跨部门、跨行业、跨区域、流域上下游之间的协调和信息交流。

七是两只手并用。发挥好政府有形之手和市场无形之手的作用，政府从行政管理转向监管协调以及公益性水服务提供，重点制定政策、规划水分配、监测执行规则以及解决争端；在完善的交易和竞争环境下，鼓励通过市场优化配置水资源。

八是强化制度保障。加强水资源立法和政策制定，创造良好的规则环境，要有可动态修订的实施细则，以适应水资源及外部环境的变化。体制对制定和实施水资源综合管理政策和计划是决定性的，好的体制必须清晰界定各级机构的职责与作用。

2. 水资源综合管理与最严格水资源管理制度的关系

（1）相同点

一是出发点一致。与水资源综合管理以可持续发展为目标一样，最严格水资源管理制度是为解决我国水资源短缺、水污染严重、水生态环境恶化、用水方式粗放、无序和过度开发等水问题，推动经济社会发展与水资源水环境承载能力相协调，以水资源的可持续利用，保障经济社会可持续发展做出的制度安排。

二是都强调全过程管理。与水资源综合管理按照水文循环的完整性，主张有针对性地加强取水、用水、排水各环节管理一样，最严格水资源管理制度贯穿全过程管理理念，开发利用控制红线、用水效率控制红线、水功能区限制纳污红线三条红线互为支撑，分别涵盖了取水、用水、排水的过程，在水资源监控方面也强调加强取水、排水、入河排污口计量监控。

三是都倡导多手段运用。与水资源综合管理主张通过多措并举来实现有效管理一样，最严格水资源管理制度倡导综合运用行政、经济、科技、宣传、教育等手段，明确要建立健全水权制度，严格实施取水许可，制定用水定额标准，强化用水定额管理，严格水资源有偿使用，推进水价改革，严格水资源论证，推进节水技术改造等。

四是都注重跨部门协调和公众参与。与水资源综合管理把参与作为基本原则，把建立有效协调机制作为关键内容一样，最严格水资源管理制度明确要求加强部门之间的沟通、协调，强调推进水资源管理科学决策和民主决策，完善公众参与机制。

五是都兼顾政府与市场。与水资源综合管理主张双手并用一样，最严格水资源管理制度既强调政府及其水行政主管部门的主导作用，也要求积极培育水市场，鼓励开展水权交易，运用市场机制合理配置水资源。

六是都注重法制和体制的作用。与水资源综合管理强调制度保障一样，最严格水资源管理制度把健全政策法规，抓紧完善水资源配置、节约、保护和管理等方面的政策法规体系；完善水资源管理体制，进一步完善流域管理与行政区域管理相结合的水资源管理体制等作为推动制度落实的重要保障。

（2）不同点

一是视角有所区别。水资源综合管理作为一种理念和方法，具有开放性，可被广泛借鉴并结合实际加以应用，内容上更强调综合；最严格水资源管理制度是立足中国实际、吸收包括水资源综合管理在内有关先进理念基础上形成的，更具针对性和可操作性，内容上更强调严格，目标更明确措施更具体。

二是相同点的程度不一。如对于公众参与，水资源综合管理将综合决策作为其理论体系的重要组成，强调公众在决策层面的真正参与，明确了公众参与的基本原则、参与方式及决策内容；最严格水资源管理制度同样强调公众参与提高决策透明度，但在具体实施操作上细化不够。

三是内容有一定差异。水资源综合管理从系统的观点出发，强调防洪、供水、生态等多目标统筹，以及水土等相关资源的综合管理；最严格水资源管理制度重点解决水少、水脏、用水浪费的问题，对水土资源统筹管理强调不够。

四是对风险管理关注度不同。根据水资源领域不确定性增加，各类风险增大的趋势，水资源综合管理已把加强风险管理摆上重要位置，强调加强风险评估制定管理措施，提出防范对策等；最严格水资源管理制度对此强调不够。

我国在深入落实最严格水资源管理制度的过程中，可进一步研究借鉴水资源综合管理的先进理念，如更加注重加强公众参与、水土资源统筹管理、风险管理等，同时，最严格水资源管理制度在我省的实践也可进一步丰富发展水资源综合管理。①

（四）借鉴水资源软路径理念

所谓水资源软路径，是在供水管理和需水管理之外的一种新型水资源管理模式。面对严格的水资源约束，它以主动、前瞻、长期、渐进的方式，全面使用制度、经济、技术等各种手段，结构性地改变经济社会对水资源服务的需求及其服务方式，从而内生性地促进节水，保障生态环境和经济社会持续性。

1. 水资源软路径的内涵与特征

从基本理念和方法论而言，水资源软路径基本特征突出一个软字。所谓软，一是与其温和渐进的方法论有关。就其渐进而言，它总是从现状设施和相关用水活动开始，以渐进演变中的累积改革达成目标。就其温和而言，它主张从水科学转向水社会学，开放性地使用全套社会科学手段，以改变社会经济结构、生产生活方式来内生性地改变用水方式，而尽可能避免使用外在和强制性的工程物理措施，以此更好地调和生态和经济社会，从而更适合水资源社会循环和自然循环日益叠加冲突的现实。二是与其追求对经济社会造成冲击最小化有关。它主张以更少的有形资源投入，依赖人类的才智从目前资源利用方式中找出解决方案，节水与继续促进经济发展和提升生活水平并行不悖。它采取的措施都是区分服务与用水，以更先进合理的技术手段减少用水，同时增进而不是减少相关服务。三是与其改革措施的广泛性和非限

---

① 杨得瑞、姜楠、马超：《关于水资源综合管理与最严格水资源管理制度的思考》，载《水利发展研究》2013年第1期。

定性有关。它不局限于水资源管理的专业部门，而更像是一种结构性和全方位的经济社会变革，以解决普遍性和全局性的水资源问题。

从具体内容层面，软路径的基本特点可总结如下：一是特别强调将水资源当作一种服务而不是实体。这样，改变用水行为就可能保持和增加这种服务而同时促进节约用水，特别是它使得研发和推广节水技术更加能动自觉。二是从既定的未来目标倒推回现状而作出规划。即首先确定一个人类活动和生态功能共存共生并且可持续的明确目标，包括水资源管理目标，再采取倒推的方式，确定从现状达到未来目标的可行路径，由管理者、工程师、政治家和社区领导者探讨，设计实施具体步骤。三是将生态可持续作为基本标准。之前的管理则是将其作为最后考虑而非最先考虑。四是改变从目前现状出发、假定目前利用格局和相关制度不变的规划方式。包括确定与水资源利用趋势有关的格局或制度因素，并对此进行改革；针对新兴产业、价值观、全球气候等造成的变化，不断对规划予以修正；对水基础设施和社会基础设施的标准和方式加以调整。五是使得水资源质量与用途完全匹配，即水量管理和水质管理深度结合。对有些用途而言不可接受的水质，对于另一些用途则可以接受甚至有益，且大部分用水对水质的要求较低。注意到水质要求的差异性，则可以制定水质递降的分配系统，更充分地利用水资源。六是保障社区和公众在水资源管理中的参与。

2. 水资源软路径对最严格水资源管理制度的政策借鉴

强调水资源软路径与最严格水资源管理制度的默契或内在一致，可以为最严格水资源管理获取有益的理论支持，引入更加广泛的理论探讨，并借助一种新理论的系统性、深度及其预见能力，对最严格水资源管理制度有所启发和借鉴。

（1）应重新审视和发展最严格水资源管理中的需水管理。软路径的倡导者认为，软路径是高于传统需水管理的新型水资源管理模式。实际上，也可以更包容地把软路径视为对传统需水管理的深化拓宽，是对传统需水管理在批判基础上的彻底实现。无论如何，最严格水资源管理与软路径之间的一致性，都在揭示最严格水资源管理本身包含的重大的理论创新，这种创新一定意义上超出了传统需水管理的范畴。应当借鉴软路径理论的合理成分，在政策理念和政策措施的深度和广度上对传统需水管理进行重新审视并予以发展，以实现最严格水资源管理制度对需水管理提出的更高的内在要求。

（2）应进一步增强水资源管理相对经济社会需求的能动性。在水资源软路径中，水资源管理不再是经济社会用水需求下的单纯被动一方，而是在水资源严格约束下对经济社会用水需求及其用水方式提出改革要求的能动一方。水资源管理不应再局限于传统的专业化领域，而应当更加全面和实质性地介入广泛而重大的经济社会决策，这也是最严格水资源管理的深层和本质要求。没有水资源管理职能的上溯和扩展，没有对用水需求的批判性管理，而完全囿于用水服务提供者的身份，单单就水资源管理谈论水资源管理，三条红线就会成为不可能完成的任务。

（3）应高度重视严格监测和保障水生态。这是最严格水资源管理制度、水资源软路径内涵的前提。很大程度上，正是水生态问题已经和可能带来的严重后果，造成了推动最严格水资源管理制度实施的强大政治意愿。很大程度上，最严格水资源管理制度的成效，也集中体现于限制经济社会用水侵蚀水生态。水生态是水资源社会循环的起点和终点。优先关注水生态保护，"三条红线"方可有机统一，最严格水资源管理方可善始善终。只有在水生态红线对经济社会用水硬性约束之下，只有在水生态保护密切联系的政治意愿和社会共识的压力下，最严格水资源管理才能得力实施。

（4）应依靠更加灵活和随时调整的规划来确保实施。水资源软路径特别强调针对既定长期目标的规划过程，尽管这种规划在工具层面尚未完善。我国在实施最严格水资源管理的相关规划时，既有特殊国情下的复杂性，包括如何在如此巨大的尺度上兼顾各地水资源条件和经济社会发展目标，如何协调多部门多领域的要求，如何平衡规划的严格性与灵活性，也有集中管理体制和强有力的规划计划系统的特殊优势。需要注意的是，针对既定目标的倒推式规划，在实现水资源管理任务的阶段划分、完成任务的时间分配方面，要有战略性的合理抉择。这种规划更多针对生产生活用水方式、节水技术研发推广等软性和分散的因素，也要求传统的规划理念和方法有所调整。规划不能一成不变，而需随时调整；不能是部门和地区分割方式，而需采取综合协调方式；不能基于一切照常的理念，而需对经济社会发展新趋势有前瞻性的把握。

（5）应重视推动经济社会结构性调整的制度建设。以经济社会结构的调整推动节水，是水资源软路径的内在要求。在加拿大的研究案例中，造纸工业如何布局即由水资源管理的要求决定。水资源短缺日益严峻，已使结构性调整变得必需；而之前水资源的温和制约，很少对经济社会结构调整发生能动和重大影响。因此，以水资源管理引导经济社会结构调整，实际上是一个新的理论和实践问题。为此，需要研究水资源与宏观经济政策的关系，在全成本基础上评估水资源价值，了解跨国和跨地区的虚拟水贸易，实现宏观总体的经济社会、水资源管理，需要针对气候变化、粮食安全、产业集群发展、都市圈建设等特定的重大主题，开展最严格水资源管理的专项研究。需要深入开展由点到线到面的节水型社会建设，需要对农业、工业、服务业的节水管理设定领域和项目高度细分、相互区别的管理目标。需要将水资源作为前置性的布局因素，通过水资源论证、主体功能区布局、最严格水资源管理行政考核等制度手段，以及水资源管理部门积极参加区域和产业规划，限制特定行业和地区的用水。需要建立国家水权制度并以市场机制在流域、行政区域、用户之间，在用水部门之间，优化配置水资源，其中"三条红线"总量指标向下逐级分配时，在管理上不应限制跨流域、跨区域、跨行业和不同用户水权交易。需要对现有供水工程和设施采取包括价格、财政等经济手段，引导供水模式转型。需要在结构调整中优先保护公众基本生活用水，照顾弱势行业的生产用水需求。需要以全套社会科学手段重塑最严格水资源管理的社会基础，针对用水的经济社会结构性调整，必将展示广阔的水资源节约保护前景。

（6）应战略性重估技术因素的巨大节水潜力。技术因素不应被单纯地理解为提高节水效率的外生因素。软路径区分水资源与其提供的生产生活服务，视技术因素为特定生产生活服务与水资源利用之间可变的联系方式，更加自觉、系统、全面地对节水技术进行开发和推广。新技术也会使原先不能利用的废污水、雨洪水、海水和咸水等成为日益重要的资源。这样，经济社会就会以一种新的用水方式，带来系统性、内在、稳定和持续的水资源节约。我国大量节水技术的研发和推广不足，不仅因为分割的管理体制的束缚、用水方式的惯性、原有设施设备的制约、投资的不足，也因为规划和政策制定过程中对来自技术层面的全面改变所带来的巨大节水潜力估计不足。在加拿大关于软路径的实践案例中，对日常主要服务项目引入新的节水技术，只要真正推广普及，形成新的日常用水方式，就能非常显著而稳定地减少水资源用量。战略性重估节水技术的巨大潜力，促进全面系统研发各种用水项目和环节的节水技术，借助规划和激励性政策以公众参与真正推广普及这些技术，必将对我国这样一个大国的水资源管理带来深刻改变。

（7）应研发有利于合理配置不同水质水资源的用水模式。在不同空间尺度（工厂、城市、社区、农村）和不同领域（工业、农业、服务业、家庭），应当大力发展更加集约有序的分水质的水资源配置模式和用水模式。这意味着对非常规水源增加处理和利用量；在工厂、社区和家庭内促进水的循环利用；在农业灌溉中区分不同的水质需求等。为此，需要研发和推广非常规水资源利用的相关技术，投资建设储存设备和输水管网，制定激励性的分水质水价体系。这种分质供用水的优化配置，可以借助管网建设、团组布局和水权交易，逐渐从微观个体向用水群体乃至用水地区推广。

　　水资源软路径对最严格水资源管理制度的借鉴意义，主要来自它更明确的新理念和更开广的政策视野，从而有利于开放式、不断深化的讨论。此外，水资源软路径目前只是发展中，尚未普遍实践的水资源管理理论，尚需实践的具体检验和继续充实。基于我国独特国情和水情的最严格水资源管理的宏大实践，势必也会进一步阐释发展充实和完善水资源软路径理论的合理成分。①

---

　　①　杨彦明：《最严格水资源管理与水资源软路径》，载《水利发展研究》2013年第 6 期。

后　记

本书为作者 2013 年承担的河北省社会科学基金项目"我省实行最严格水资源管理制度的对策研究"（项目编号：HB13FX011）的最终成果。

最严格水资源管理制度是水资源管制方式的重要制度创新和崭新实践尝试，也是应对我国日益凸显的水危机的战略举措。由于河北所面临水问题的极其严峻性，实行最严格水资源管理制度就成为治水、管水的唯一正确抉择，具有特殊的意义与价值。作者曾长期在水利部门工作，虽离开多年，但始终在关注水问题，跟踪水法制的研究进展，因此才有了本书的写作与出版。

课题组的其他成员：河北经贸大学的王沛副教授、吴伟华副教授，河北省农科院的马晓萍高级会计师，河北省水利厅的郭强处长和王英虎副处长，对于本书的写作和修改提出了宝贵意见，在此一并表示感谢。还要感谢河北经贸大学法学院院长郭广辉教授，感谢他对本书出版的关心与支持。

需要声明的是，由于作者水平有限，书中难免存在诸多不足之处，在此恳请各位读者批评指正。

丁　渠
2013 年 11 月